BOTANISCHE ABHANDLUNGEN

AUS DEM GEBIET

DER MORPHOLOGIE UND PHYSIOLOGIE.

HERAUSGEGEBEN

VON

Dr. JOHANNES HANSTEIN,

PROFESSOR DER BOTANIK AN DER UNIVERSITÄT BONN.

DRITTER BAND.

DRITTES HEFT.

Die Parthenogenesis der Caelebogyne ilicifolia
von Johannes Hanstein.

BONN,

BEI ADOLPH MARCUS.

1877.

DIE PARTHENOGENESIS

DER

CAELEBOGYNE ILICIFOLIA.

NACH GEMEINSCHAFTLICH MIT

ALEXANDER BRAUN

ANGESTELLTEN BEOBACHTUNGEN MITGETHEILT

VON

JOHANNES HANSTEIN.

MIT 3 LITHOGRAPHIRTEN TAFELN.

BONN,
BEI ADOLPH MARCUS.
1877.

Dem Andenken

ALEXANDER BRAUNS

gewidmet

vom Verfasser.

Vorbemerkung.

Das nachstehende Heft enthält die Ergebnisse einer gemeinschaftlichen Arbeit des kürzlich zu allgemeiner Betrübniss von uns geschiedenen Meisters Alexander Braun und des Verfassers derselben. Es war im Frühjahr 1864, als der Genannte diesen aufforderte, mit ihm zusammen den Sommer hindurch eine Reihe von Beobachtungen über die Blüthen- und Fruchtentwicklung der *Caelebogyne* anzustellen, um die Parthenogenesis-Streitfrage für diese Pflanze und somit für die Pflanzenwelt überhaupt endlich zum thatsächlichen und endgültigen Abschluss zu bringen. Verfasser ging auf diesen Vorschlag mit um so grösserem Vergnügen ein, als er selbst damals für diese so auffallende Erscheinung das richtige Verständniss noch nicht hatte gewinnen können, und ihm nun ein solches Zusammenarbeiten mit einem der gewissenhaftesten und sorgfältigsten Beobachter, die je existirt haben, sichere Gewähr der Zuverlässigkeit bot. So wurde denn die gemeinschaftliche Beobachtung im Laufe des Sommers in der unten beschriebenen Weise ausgeführt und mit dem vollkommensten positiven Ergebniss für die Parthenogenesis belohnt.

Ob nun gleich ein Zweifel über diese nicht länger bestehen konnte, so hätte doch Braun gar zu gern auch noch das Verdict eines in den feinsten Befruchtungsvorgängen vorzugsweis geübten Auges gehabt, und so forderte er Hofmeister, — der ja nun leider inzwischen auch schon unsern Kreis verlassen hat — auf, im folgenden Jahre die Blüthenentwicklung dieser Pflanze in der Richtung auf die etwaigen Vorgänge im und vor dem Keimsack zu untersuchen. Wenn ich nicht irre, wurde ihm dasselbe Berliner Exemplar, an welchem wir beobachtet hatten, nach Heidelberg geschickt. Sei es nun, dass es dort nicht recht blühte, oder ein anderer mir nicht bekannter Umstand eintrat, genug, es ist zu solcher Beobachtung seitens Hofmeisters nicht gekommen, wenigstens zu keiner Mittheilung darüber.

Inzwischen war Verfasser dieses nach Bonn übergesiedelt, und sowohl Braun wie er selbst waren Jahre lang mit andersartigen Arbeiten so beschäftigt, dass die *Caelebogyne*-Frage trotz aller Wichtigkeit liegen blieb. Erst im Sommer vergangenen Jahres brachte ich bei

A. Braun die endliche Ausarbeitung und Veröffentlichung der ja an sich abgeschlossenen Beobachtungen in Vorschlag, da ich, mit einer allgemeinen übersichtlichen morphologischen Arbeit beschäftigt, eine für die Oeffentlichkeit massgebende Feststellung dieser wissenschaftlichen Thatsache hierzu nicht gern entbehren mochte. Braun und ich verabredeten demnach die gemeinschaftliche Arbeit so, dass ich zunächst den Thatbestand mit seiner Motivirung, zumal die meist von mir zuerst ausgeführten, — von ihm dann controlirten, — mikroskopischen Untersuchungen der Blüthen, Früchte und Keime schildern und die Sache dann theoretisch erörtern sollte, während er alsdann noch die kryptogamischen Vorkommnisse ähnlicher Art besprechen, und ausserdem seine genaueren Studien über die morphologischen Verhältnisse der *Caelebogyne* anfügen wollte. Auch sollten endlich die inzwischen noch mehr oder weniger festgestellten Fälle von Parthenogenesis bei andern Phanerogamen erörtert werden.

Verfasser hatte nun seinen Theil im Herbst vorigen Jahres nach Berlin geschickt. Allein es sollte aus der gemeinsamen Fertigstellung der gemeinsamen Unternehmung nichts werden. Dem vortrefflichen, hochverehrten Freund war ein schnelles, unvorhergesehenes Ende bestimmt. Ehe er vor vielen anderen Geschäften an die Abfassung seines Theiles dieser Ausarbeitung kommen konnte, raffte ihn der Tod dahin. Von seinen gesammelten Notizen habe ich noch nichts einsehen, nicht einmal sicher erfahren können, ob darüber schon irgend eine schriftliche Aufzeichnung von ihm gemacht ist. Nun scheint es mir geboten, mit dem eigentlichen Thatbestand der Hauptsache nicht länger zurückzuhalten. Indem ich daher eine etwaige Ergänzung der folgenden Darstellung im gedachten Sinne vorbehalte, lege ich der wissenschaftlichen Genossenschaft einstweilen den folgenden von mir abgefassten Antheil der Arbeit als für sich vorläufig abgeschlossene Beobachtungsreihe vor. Es sei somit dies Schriftchen ein Denkzeichen der innigen Freundschaft und der wärmsten Verehrung, welche mich an diesen hervorragenden und seltenen Mann fesselte, der schon lange uns als Naturforscher ersten Ranges sicheren aber massvollen Schrittes voranschreitend in seinem die ganze Natur umfassenden Geist je länger desto mehr die Führung in seiner Wissenschaft, zumal die auf dem Gebiete der allgemeinen Morphologie übernommen hat. Möge sein Andenken uns allen lebendig bleiben!

Poppelsdorf, im April 1877.

Johannes Hanstein.

Die Parthenogenesis

der

Caelebogyne ilicifolia.

1. Eingang.

Das geschlechtliche Verhältniss zwischen den Individuen der bekannten Thierarten konnte den Menschen im Verkehr mit denselben wegen seiner Uebereinstimmung mit dem eigenen menschlichen keinen Tag lang zweifelhaft bleiben. Selbst die Kenntniss und Benutzung der geschlechtlichen Kreuzung verschiedener Arten reicht hinter die Grenzen geschichtlicher Ueberlieferung zurück. Um so länger hat es gedauert, bevor die auf den ersten Anschein von den thierischen so weit abweichenden pflanzlichen Geschlechts-Einrichtungen im Allgemeinen erkannt und durch alle ihre Formen hindurch im Besonderen aufgefunden und richtig gedeutet worden sind. Endlich aber war auch dies gethan und die geschlechtliche Zeugung erschien nunmehr als ein einheitlich die ganze organische Welt beherrschendes, ausnahmslos geltendes Naturgesetz. Nicht ohne einen gewissen Widerwillen wurden daher die Thatsachen aufgenommen, welche dennoch als Nichtbefolgungen dieses scheinbaren Gesetzes zunächst auf zoologischer Seite nach und nach ans Licht traten. Ihrer zwingenden Macht jedoch vermochte die wie auch immer voreingenommene Theorie nicht lange Widerstand zu leisten. Nicht nur lagen in Bälde grössere Reihen von Fällen vaterloser Geburten bei Thierarten verschiedener Klassen vor, sondern es erwiesen sich diese auch als in die Formen-Kette der entsprechenden Entwicklungs-Kreise regelmässig eingefügte Glieder. Nicht aus Mangel an Männchen oder sonst irgend eines Zufalls wegen wurden von jungfräulichen Müttern hier und dort Junge hervorgebracht, sondern es traten Wechselgeburten bald väterlich befruchteter, bald unbefruchteter Generationen hier und dort als Zwischen- und Uebergangs-Formen auf, welche in der Ausführung der ganzen biologischen Aufgabe der betreffenden Thierart ihren ganz bestimmten Antheil zu übernehmen hatten.

Den ersten Schritt in diesem wechselvollen Erkenntniss-Vorgang machte das Auffinden des sogenannten Generations-Wechsels aus, der durch v. Chamissos, Sars's und Steenstrups Entdeckungen zunächst als regelrechte entwicklungsgeschichtliche Thatsache in die Zoogenesis eingeführt wurde. Die Wechsel-Geburten von *Salpen*, ***Medusen***, *Anneliden* liessen erkennen, dass die genealogische Schablone der Doppel-Zeugung auch nur als abwechselnde Erscheinungs-Formen auftreten, d. h. regelrecht mit geschlechtslos erzeugten Generationen alterniren könne. Entstanden diese zum Theil freilich, wie die jungen Medusen, als Knospen und waren damit nicht Ei- sondern Spross-Generationen, nicht wahre Neuwesen, sondern mehr als Abgliederungs- und Theilungs-Erzeugnisse der vorhergehenden Generation zu taxiren, so wurden dagegen in den heterogenetischen Reihen der Würmer zwischen den beidelterlich erzeugten echten Eiern auch junge Wesen, die ohne Befruchtung, in einzelnen Eltern-Formen entstanden, aufgefunden, welche als Zwischenbildungen von eigner Sonder-Physiognomie wirkliche keimähnliche Neubildungen ausmachten.

Ganz ähnliche Thatsachen enthüllten sich in den niederen Gebieten des Pflanzenreiches. Die vergeblichen Bemühungen, die blattbürtigen Sporen der Farne durch Befruchtung erzeugt zu sehen, fanden ihr Ziel durch die Entdeckung der wahren geschlechtlichen Zeugung dieser Gewächse, die, seltsam genug, sich auf den Kindheitsformen ihrer Stöcke, den sogenannten Prothallien oder Vorkeimen entdecken liess. Nun war die Sporen-Zeugung als geschlechtslose festgestellt, ob sie gleich eiartige Einzelzellen und aus diesen völlig neue Eigenwesen zu Stande brachte. Dagegen bildeten die in ihrer individuellen Physiognomie so einfachen und unvollkommenen Prothallien eine Zwischen-Generation, deren Existenz darin gipfelte, den Geschlechts-Act zu vollziehen und durch denselben beidelterlich erzeugte Ei-Gebilde hervorzubringen. Nur dass diese — wiederum seltsam genug — statt einer Samenruhe zu pflegen, alsbald zu lebendigen Eigenpflänzchen ausgestaltet werden. Der Wechsel zweier Generationen, einer geschlechtlichen und einer geschlechtslosen, wurde mithin von diesen Pflanzen, wie von den oben genannten Thieren, klar gelegt. Den Farnen reihten sich nun analoge Beobachtungen anderer Kryptogamen in immer grösserer Zahl an, und fast alle Formen der Algen und Pilze erwiesen sich fähig, sowohl solche Jungwesen hervorzubringen, die von zweierlei differenten Elter-Organen vorbereitet werden, als solche, die unbefruchtet, wie man sagt rein vegetativ erzeugten Sporen-Zellen ihre Entstehung verdanken.

Genau genommen fehlt es, zumal bei Algen und Pilzen, in der plastischen Herstellung dieser Fortpflanzungs-Zellen an einem recht durchgreifenden morphologischen Unterschied. Es sind eben beides frei erzeugte Tochter-Zellen, die, völlig zur Selbständigkeit gelangt, gänzlich neue Einzelwesen darstellen. Dieselben sind von Anbeginn vom Mutterwesen unabhängig und brauchen sich nicht nach Knospenart erst von diesem abzugliedern. Sie ererben Beide von den Mutter-Individuen die Ausgestaltungs-Begabung der Art in ihren wesentlichen Zügen. Immerhin ist die Theorie geneigt, diesen regelrecht auftretenden Zwischen-Generationen ungeschlechtlich entstandener Jungwesen, bei Thieren wie bei Pflanzen, mehr den Werth von Knospen-Bildungen beizulegen, als sie den durch geschlechtlichen Zusammenfluss zweier Eltern-Producte bewirkten Ei-Erzeugnissen gleichwerthig zu achten. Sonach erkennt man in diesen Bildungen nicht sowohl schon einen theoretischen Widerspruch gegen die allgemeine Gültigkeit des Gesetzes von der geschlechtlichen Zeugung an, sondern nur eine Reihe von Gegenerscheinungen, d. h. von principiell einseitig hergestellten Vermehrungs-Körpern.

Wie dem auch sei, so ist nicht zu leugnen, dass diese den thatsächlichen Beweis liefern, wie ganze Generationen ihre Fortpflanzung ausnahmslos ohne Zeugung ins Werk setzen können, während ihre Nachkommen wiederum eines Zeugungs-Actes mit geschlechtlicher Differenzirung bedürfen. Hierdurch war also schon die kaum erst scheinbar über alle Provinzen des Thier- und Pflanzenreiches sicher gestellte Alleinherrschaft des Gesetzes der geschlechtlichen Zeugung durch die Erscheinungen der Wechselwirthschaft geschlechtlich und ungeschlechtlich erzeugter Generationen wiederum in ihrer Geltung beschränkt. Allein es drohte ihr endlich eine noch viel schwerere Schädigung durch die Entdeckung solcher vaterloser Zeugungen, die nicht als regelrechte Wechselvorgänge, sondern als einfache Ausnahmen von der Regel sich unter die normalen Fälle der Geschlechts-Zeugung mischten, ohne einen Unterschied ihrer Erzeugnisse sehen zu lassen.

Im Thierreich hatte zunächst Niemand eine derartige eigentliche Jungfern-Zeugung vermuthet. In der Botanik dagegen, in welcher von Anbeginn die vorgefasste Meinung — bekanntlich das gewichtigste aller wissenschaftlichen Motive — überhaupt gegen die Annahme geschlechtlicher Zeugung votirte, und das Gift des theoretischen Widerspruchs wirksam blieb, suchte man zunächst wenigstens solche Einzelfälle rein weiblicher Zeugung zu constatiren. Die Versuche von Spallanzani, Camerarius und Anderen, die an allerlei weiblichen Exemplaren diöcischer Pflanzen reife Samen, welche keimfähig waren, aufzuspähen suchten, hatten ihre Spitze alsbald gegen die Sexual-Theorie in ihrer Alleingültigkeit gerichtet. Dennoch wurden die botanischen Parthenogenetiker zunächst aus allen ihren Positionen zurückgedrängt. Die Beobachtungen, dass die Weibchen jener diöcischen Pflanzen ohne Männchen dennoch Früchte mit keimfähigem Samen zur Welt brächten, wurden durch den Nachweis, dass diese sich durch Ausbildung männlicher Blüthen selbst zu befriedigen im Stande seien, anscheinend ganz zurückgewiesen. Da wurde denn aber der scheinbar nun sicher gestellte Besitz der Sexual-Theorie eben durch die eingangs erwähnten Thatsachen unzweifelhafter Jungfern-Zeugung gerade auf zoologischer Seite wieder in Zweifel gestellt.

Die alten Beobachtungen der Bienen-Züchter fanden in den besonders von Leuckart und v. Siebold streng wissenschaftlich durchgeführten Nachweisen ihren Abschluss. Die Königin des Bienenvolkes legt zeitweise unter Befruchtung erzeugte Arbeiter-Eier und ausserdem besondere Eier für Drohnen, denen der Einfluss einer väterlichen Spermatozoiden-Zuthat nicht zu Gute kommt. Die Mütter vieler Geschlechter wespenartiger Insecten thun Aehnliches in verschiedenem Wechselbetrieb ihres genealogischen Stamm-Haushaltes[1]). Beobachtungen an Schmetterlings-Arten aus der Sippe der Spinner legten das noch

1) Und auch die Erscheinung des Generations-Wechsels der Salpen wird sich diesen anreihen, wenn es sich bestätigt, dass die Ketten-Individuen derselben, deren Erzeugung mit den Einzelgeburten abwechselt, parthenogenetisch geborene Männchen sind. Vgl. Brooks, Proceedings of the Boston Society of Nat. History XVIII p. 193.

einfachere Ergebniss vor Augen, dass auch deren Weibchen, wo sie der Begattung entsagen müssen, doch der Mutterfreuden nicht immer zu entbehren brauchen, sondern, so gut es gehen will, wenigstens doch einen Theil ihrer Ei-Anlagen allein, ohne männliche Beihülfe zur Fortentwicklungsreife ausbilden. Andere Fälle gesellten sich hinzu und die vaterlose Zeugung mancher Formen oder Individuen gewisser Thierarten konnte nur noch von solchen fanatischen Leugnern bestritten werden, die sich, der Theorie zu Liebe, von der sie nicht lassen können, vor der Sonnenklarheit der Thatsachen fest genug zu verschliessen verstehen.

Hiermit eben gewann aber die Revolution gegen die obligatorische Sexual-Zeugung auch auf phytologischem Gebiet wieder neue Ausgangspunkte und neue Antriebe. Zunächst wurden wieder die alten Fälle, Hanf, Hopfen, Mercurialis u. s. w. herbeigezogen und drohten, sich dem als unumgänglich ausgerufenen Gesetze nicht fügen zu wollen. Aber immer auf's Neue wurden sie bekämpft. Diesen Gegenstand hat A. Braun schon ausführlich in einer früheren Abhandlung[1]) besprochen, in welcher er die ganze Reihe der auf diesem Gebiet erkundeten Thatsachen und die entsprechende Reihe der Discussionen darüber dargelegt hat. In einer zweiten Behandlung[2]) der Sache hat er wiederum die neueren, besonders von Regel gemachten Einwürfe widerlegt. Es ist deshalb nicht angezeigt, hier auf diese Einzelheiten wieder einzugehen. Doch hat alsdann der Genannte in den gedachten Aufsätzen gerade den gewichtigsten Fall für pflanzliche vaterlose Zeugung ausführlich dargelegt und seiner Ansicht nach als ausreichend beweiskräftig hingestellt, für solche wenigstens, die sich entschliessen können, einen Naturvorgang mehr nach dem Totaleindruck einer grossen Reihe von Fällen zu beurtheilen, als mit ängstlicher Trug-Gewissenhaftigkeit sich an streng inductive Beweisführung zu klammern und nach dieser zuletzt selbst in solchen Fällen zu verlangen, wo dieselbe schlechthin unausführbar ist. Denn wenn man alle Schlüsse aus Analogien, alle Wahrscheinlichkeits-Urtheile ausschliesst, so ist es z. B.

---

1) A. Braun, Die Parthenogenesis bei Pflanzen; Abhandl. d. K. Akademie der Wissenschaften zu Berlin, 1857.

2) Derselbe, Ueber Polyembryonie und Keimung an *Caelebogyne*; ebendaselbst, 1860.

unmöglich für irgend ein Neuwesen seine etwaige vaterlose Zeugung überhaupt empirisch zu erweisen. Denn die allein mögliche Beobachtung, dass von zwei einander ganz ähnlichen Keim-Anlagen die eine, welche man zur Befruchtungszeit analysirt, die Abwesenheit jedes Befruchtungs-Körpers zeigt, die andere aber, die man unversehrt lässt, keimt, beweist ja, streng genommen, durchaus nicht, dass auch diese keimende nicht befruchtet ist und dass jene nicht befruchtete gekeimt haben würde. Dazu müsste ja dann das fragliche keimende Neuwesen selbst zur Entstehungszeit zerschnitten, also vernichtet worden sein. Aber dann kann es seinen Keim nicht mehr entwickeln, noch seine Keimkraft zeigen. So führt die Prätension des Verlangens nach einer lückenlosen Induction, wo solche doch der Natur der Sache nach unmöglich ist, einfach zum Absurdum. Es ist unmöglich, sich an einem und demselben Individuum von dem Verlauf seiner inneren und äusseren Ausgestaltung zu überzeugen und ist dennoch sehr wohl möglich, aus der Combination der Beobachtungen an verschiedenen Individuen die feste Ueberzeugung von der Art solches Vorganges zu gewinnen. So kann man auch aus einer grösseren Summe übereinstimmender Beobachtungs-Ereignisse über solche Vorgänge zu ausreichend sicherer Anschauung gelangen, d. h. durch den Analogien-Schluss. Man braucht also nicht von jedem einzelnen Keim gesehen zu haben, ob auf seine Urmutterzelle ein männlicher Zeugungs-Contribuent eingewirkt habe oder nicht, und kann doch überzeugt werden, dass dies in gewissen Fällen nicht Statt gefunden habe, so auffallend dies sei.

Unbefangenen Urtheilen gegenüber musste daher die in den erwähnten Abhandlungen von A. Braun besprochene Thatsachen-Summe mit solchem Gewicht in die Wagschale fallen, dass ein Zweifel kaum noch wissenschaftlich motivirbar blieb. Die Pflanze, an welcher der Genannte damals die echte Parthenogenesis, als durch einen Nothstand hervorgerufen, für sich durchaus überzeugend erkannt und demgemäss dargestellt hatte, war die neuholländische *Euphorbiacee Caelebogyne ilicifolia.* Diese diöcische Pflanze, im äusseren Ansehen unserem *Ilex acuifolium* nicht unähnlich, dem Blüthenbau nach zu den Gattungen der *Hippomaneen* gehörig, wird seit einigen Jahrzehnten in den europäischen Gärten hier und dort cultivirt. Zuerst nach England eingeführt, und zwar in einem weiblichen Exemplar, verrieth sie ihre

Befähigung, in ihrem durch Versetzung aus dem Vaterlande veranlassten verwittweten Zustande in unbegatteten Blüthensprossen entwicklungsfähige Nachkommen zu erzeugen, schon dem Beobachter John Smith[1]), welcher diese ausführlich bekannt machte, ohne damit allgemein Glauben zu finden. Jedoch drehte sich seitdem der Streit für und wider die Möglichkeit vaterloser Zeugung wesentlich um dieses Gewächs, aus dessen merkwürdig einfachem Zeugungs-Verfahren Jeder herausempfand, dass die Beobachtung und Kritik desselben sich zum theoretischen Schlachtfelde für den letzten Austrag dieser Streitfrage vorzugsweise schicke. Neben den Kew-Gardens-Erfahrungen bot besonders der Berliner botanische Garten die vortrefflichste Gelegenheit zu Beobachtungen dafür. Die wenigen hiesigen *Caelebogyne*-Stöcke brachten wiederholt so zahlreiche Nachkommen zur Welt, dass die hierdurch und durch die Smithschen Beobachtungen festgestellte Thatsachen-Reihe eben, wie vorher gesagt, geeignet war, ohne Weiteres schon den Widerspruch, den man »von Rechts wegen« machen zu müssen glaubte, abzuwehren. Allein man nahm ja eben lieber Alles an, als dass man einer solchen Unordnung in dem genealogischen Naturrecht der Pflanzenwelt stillschweigend Raum gegeben hätte. Statt der heimlichen Erzeugung männlicher Blüthen, deren Nichtstattfinden leicht nachzuweisen war, schob man als ferneres Auskunftsmittel das Auftreten einzelner Antheren in weiblichen Blüthen vor, und als auch diese sich allzu selten, fast niemals finden wollten, mussten die an der Blüthe auftretenden Drüsen mit ihrem klebrigen Safte helfen, das Pollen zu ersetzen. Endlich wurde letzteres Object hypothetisch von andern *Euphorbiaceen* requirirt. Wie aber für diese letzte Hypothese an den Erzeuglingen die Bastard-Form ausblieb, so führten auch die übrigen Annahmen, wie in solchen Fällen gewöhnlich, zu grössern Wundern und Ungereimtheiten, als es die Annahme der Jungfern-Zeugung an sich war. Am Bösesten und zugleich am Abgeschmacktesten suchte man das ruhige Urtheil in dieser Sache dadurch zu verwirren, dass man denen, welche die Thatsächlichkeit dieser merkwürdigen Erscheinung, wie sie erkannt war, einfach und gegenständlich vertheidigten, Motive metaphysischer Art dafür unterschob, die mit der Wissenschaft

1) Notice of a plant which produces perfect seeds without any apparent action of pollen, Linnéan Transactions XVIII (1841) p. 509. tab. 36.

an sich nichts zu thun haben. Den ersten Theil dieses Streites hat A. Braun in den früheren Mittheilungen ausführlich dargelegt; auf den zweiten wird nachher zurückzukommen sein. Alles zu wiederholen erscheint eben nicht erforderlich.

Allein, wenn auch, wie eben gesagt, wissenschaftlich nicht motivirbar, so blieben doch immerhin noch gewisse von diesen subjectiven Zweifeln oder Unbefriedigtheiten menschlich entschuldbar, denn es ist nicht zu leugnen, dass das möglichst lange und ausdauernde Festhalten an einer Theorie, die einen ganzen Kreis von lange bekannten Natur-Erscheinungen harmonisch und anmuthend zusammenschliesst, im Princip nicht zu tadeln ist. Wer dann dem Stoss der hereinbrechenden Widerspruchs-Thatsachen persönlich ferner steht, oder wer gerade in gewissen eigenen Beobachtungen denselben besonders nahe zu stehen und durch diese Grund genug zur Ablehnung zu haben glaubt, der muss sich selbstverständlich zu jeder möglichen Ausflucht lieber wenden, als dass er eine ihm so antipathische Anschauungsweise acceptirte. Lieber enthält sich Mancher schliesslich sogar alles Votirens überhaupt. Und so schaaren sich denn principiell die am Alten Festhaltenden mit anderen Dissentirenden immer von Neuem zusammen, und das Neue, wie richtig es immer sei, bleibt dennoch durch Majorität verworfen. Demnach lesen wir denn auch in der neuesten Ausgabe des zur Zeit verbreitetsten botanischen Lehrbuches, dass die Zweifel über die Parthenogenesis der *Caelebogyne* noch immer nicht beseitigt seien.

Die Gegner der Annahme der Parthenogenesis als Ausnahme-Verfahren bei solchen Pflanzen-Arten, welche sonst Gatten-Zeugung üben, klammern sich, um die Sache nun also kurz noch einmal zusammenzufassen, an die Annahme, dass entweder trotz aller versicherten Genauigkeit die Vertheidiger dieser Lehre in ihren Beobachtungen heimlich erzeugte Antheren oder Pollen-Schläuche dennoch übersehen haben, oder dass die *Caelebogyne* selbst die Delinquentin sei, und sich, obgleich ihre Mutter und Urmütter in der Heimath mit normalen Männchen, deren Vorkommen und Bau längst bekannt ist, in legalem Verkehr existirt haben, hier eine ganz neue und insofern unerhörte Selbstbefruchtungs-Manier angewöhnt habe, oder endlich, dass die vermeintlichen Keim-Pflänzchen dieser Pflanzen, die hier in den europäischen Gärten auftauchen, gar keine wirklichen Keimlinge seien, sondern nur Spross-Knospen, die ausnahmsweise aus unbefruchteten Ovarien erwüchsen, statt aus neuen Sprossen.

So stand die Frage etwa schon vor 12 Jahren, als der Inhalt der nachfolgenden Mittheilungen entstand, und so steht sie etwa noch heut, wo dieselben endlich der Oeffentlichkeit sollen übergeben werden. Und deshalb musste am Ende, trotz noch so fester Ueberzeugung, eine abermalige und wenn irgend möglich noch sorgfältigere und vorsichtigere Beobachtungs-Reihe nicht nur wünschenswerth, sondern sogar erforderlich erscheinen, damit endlich die letzten theoretischen Zweifel über diese für die gesammte Biologie so wichtige Sache beseitigt würden. A. Braun forderte daher den Verfasser dieses im Frühjahre 1864 auf, mit ihm gemeinschaftlich eine solche Beobachtungs-Reihe auszuführen. Bei der Wahl desselben zum Gehülfen fiel in die Wagschale, dass dieser zu denjenigen Botanikern gehörte, denen es trotz des grössten Vertrauens zu den Vertheidigern der Parthenogenesis dennoch sehr schwer geworden war, angesichts der herrschenden Ansicht von der unumstösslichen Gesetzlichkeit der Doppelzeugung diese Ausnahme, diese Widersetzlichkeit einzelner Organismen gegen das allgemeine Gesetz hinzunehmen. Braun durfte mithin voraussetzen, dass der Verf. besonders geneigt sein würde, die besagte Delinquentin des schärfsten Verhörs und der rigorosesten Controle in ihrer Untersuchungshaft unterwerfen zu helfen, um, wenn irgend möglich, an derselben irgend eine bisher geheim gehaltene Beeinflussung durch männliche Zeugungs-Contribuenten und selbst verborgene Herrichtung von solchen zur Selbstbefriedigung nachzuweisen.

2. Beobachtungen an einer Caelebogyne des botanischen Gartens bei Berlin.

Es wurde nun ein schönes, kräftiges Exemplar der *Caelebogyne ilicifolia* aus dem grossen botanischen Garten zu Schöneberg bei Berlin zunächst in den kleinen botanischen Garten hinter dem Universitäts-Gebäude daselbst versetzt, sowohl der Bequemlichkeit der Beobachtung wegen, als auch besonders um es möglichst weit von allen Schwester-Exemplaren des Gartens zu Schöneberg abzusondern. Nunmehr betrug die Entfernung zwischen ihnen in gerader Linie fast eine halbe deutsche Meile, und angenommen, es wären im Lauf des Sommers an den lediglich weiblichen Exemplaren in Schöneberg ein Paar ungesetzliche männliche Blüthen zu Stande gekommen, so hätte es merkwürdig zugehen müssen, wenn sie vermocht hätten, von ihrer Minimal-Quantität von Pollen irgend ein Korn bis mitten in die grosse Stadt hinein an die betreffende Adresse gelangen zu lassen. Selbstverständlich befand sich im Universitäts-Garten kein andres Exemplar dieser Pflanzen-Art, noch ist von der Existenz eines solchen in der Stadt Berlin nebst ihrem weiten Umkreise irgend etwas bekannt geworden.

Im Universitäts-Garten wurde aus Lattenwerk eine Hütte erbaut, die dem Licht und der Luft ungehinderten Zutritt gestattete, sonst aber Niemandem, als den beiden Beobachtern und dem Universitäts-Gärtner Sauer[1]) als Pfleger und speciellem Aufseher des Versuchs-Objectes, das, in diese Hütte versetzt, stets unter seiner directen Aufsicht blieb. Die Hütte wurde verschlossen gehalten und nur dreimal des Tages geöffnet, einmal Morgens um 8 Uhr von A. Braun zur Beobachtung der Pflanze, einmal vom Verfasser Mittags um 2 Uhr zu demselben Zweck und höchstens noch einmal von Sauer zum Begiessen, was aber oft in einer der Beobachtungs-Fristen mit abgemacht wurde. So war der Pflanze das höchst möglichste Maass von Schutz und Sicherheit gewährleistet.

Die Beobachter verabredeten sich nun, als die Blüthezeit begann, von allen nach und nach zur Anlage gelangenden Blüthen-Knospen im Ganzen nur etwa 30 zur Entwicklung kommen zu lassen, um sich die Beobachtung nicht allzusehr zu erschweren und deren Ergebniss dadurch etwa wieder anfechtbar werden zu sehen. Alle übrigen wurden ganz jung, weit vor ihrer Oeffnung, in einem Glase mit Alkohol gesammelt. Die zur Entwicklung und Beobachtung bestimmten wurden jede besonders bezeichnet und von Jedem der beiden Beobachter jeden Tag mit der Loupe sorgfältig betrachtet. Täglich wurde von Jedem das Beobachtungs-Resultat notirt, und dabei auf besonders wich-

1) Auch dieser überaus geschickte und zuverlässige Pflanzen-Züchter und Pfleger ist inzwischen verstorben, so dass nun der Verf. dieses leider als einziger noch übriger Zeuge der vorgelegten Beobachtungen das Vertrauen seiner Berufsgenossen allein in Anspruch nehmen muss.

tige Entwicklungs-Zeitpunkte vorzugsweise Rücksicht genommen. Es gelang nun natürlich nicht, die zuerst bezeichneten Blüthchen alle zur Entwicklung zu bringen. Manche davon gingen aus diesem oder jenem Anlass zu Grunde und mussten im Laufe der Zeit durch neue, jüngere ersetzt werden. Schliesslich gelangten doch nur 17 Stück zur anscheinenden Zeitigung ihrer Früchte. Dieselben erhielten durchaus das Aussehen vollkommener Ausbildung und wurden kurz, bevor die Gefahr eintrat, dass die Einzelfrüchtchen abgeworfen wurden, unter besonderer Bezeichnung gesammelt und alsdann mit vollkommenster Sorgfalt einzeln zur Untersuchung gezogen.

Aber keinen Tag liessen wir vergehen, ohne jeden Theil der Pflanze der genauesten Untersuchung mit der Loupe (von zweckmässig grosser Brennweite und weitem Gesichtsfeld) zu unterziehen. War Einer von uns verhindert, so vertrat ihn der Andere. Als Verf. dieses am 6. August eine Ferien-Reise antrat, setzte A. Braun allein die Beobachtungen fort und sammelte die sich mehrenden Resultate ein. Endlich, als auch dieser am 19. Aug. seine Ferien-Erholung beginnen musste, wurde die eigentliche Beobachtungs-Reihe geschlossen und der Universitäts-Gärtner Sauer nur mit gewissenhafter Fortführung der Cultur und Einbringung der noch rückständigen Ernte von Früchten beauftragt. Dies hat derselbe auch auf das Sorgfältigste ausgeführt. Somit hat Jeder von uns die Beobachtungs-Arbeit mit der vollen und sicheren Ueberzeugung geschlossen, dass ihm nichts Wesentliches von der Production der in Untersuchung genommenen Pflanze entgangen war, dass wir vielmehr ein vollständig klares und umfassendes Bild der ganzen Wachsthums-Vorgänge derselben gewonnen hatten, und jeglichen Tag von den Entwicklungs-Vorgängen an ihren sämmtlichen Sprossen vollkommen unterrichtet gewesen sind. So hat denn die Beobachtung auch zu einem klaren und bestimmten Ergebniss geführt, und zwar zum wiederholten thatsächlichen Nachweis der Parthenogenesis an dem Untersuchungs-Object.

Zunächst seien nun die wesentlichsten Züge, welche während der Entwicklung, Ausgestaltung und Zeitigung der Blüthen und Früchte hervortraten, in Kurzem angedeutet, wobei wir den gesammten Bau der Pflanze in allen ihren Theilen, und zumal den von Blüthe und Frucht, welchen A. Braun nach wiederholten früheren Beschreibungen noch einmal in seinen oben erwähnten Abhandlungen auf das Sorgfältigste studirt und geschildert hat[1]), nunmehr als bekannt voraussetzen.

Die ersten der im Lauf des Sommers nach und nach erscheinenden Blüthen der weiblichen *Caelobogynen* unserer Gärten pflegen als Gipfel-Blüthen heuriger Laubsprosse aufzutreten. Auf solche folgen alsdann zunächst aus den oberen Hoch- und Laub-Blättern Achsel-Blüthen in rückläufiger Ausbildungs-Reihe; selbst aus den kleinen Vorblättchen können noch immer jüngere Spätlinge sich entwickeln. Dergleichen haben daher mehrere Male die nach begonnener Beobachtung verloren gehenden Gipfel-Blüthen ersetzen müssen. Ein wesentlicher Unterschied im Bau beider findet nicht Statt. Die Blüthen pflegen schnell aus der Knospe aufzuspriessen und alsbald die Mitte ihrer 3-lappigen grossen Narbe zwischen den sich über sie zusammenneigenden Spitzen der 5 Kelch-Blätter durchblicken zu lassen. Die Narben-Schenkel selbst bleiben noch rücklings der Abdachungs-Krümmung des Ovariums angedrückt und von diesen Kelch-Zipfeln überdeckt. Bald indessen öffnen sich diese, der Frucht-Knoten reckt sich mehr hervor und es beginnt nun ein Heben der Narben-Theile, bis dieselben endlich in eine gespreizte, nahezu horizontale Stellung gelangen, in welcher sie nach drei Richtungen über den Kelch-Grund hin ausgebreitet zur Seite ragen. So verharren sie oft lange Zeit; im Vaterlande vielleicht bis sie durch die Pollen-Sendung einer männlichen Blüthe befriedigt sind, und dort also wohl weniger lange. Bei uns, wo sie vergeblich auf solche Befriedigung warten, haben wir diese Stellung oft bis zur Fruchtreife andauern sehen. Doch steigen sie endlich nach längerem Harren etwas steiler aufwärts und erwarten so in aufstrebender Haltung ihr allmähliches Ableben in jungfräulicher Unberührtheit. In der kaum sichtbar gewordenen Blüthe misst das junge Ovarium meist schon etwa 2 Mm. und pflegt, während die Narben-Schenkel sich in die horizontale Lage erheben, gewöhnlich bis auf fast oder völlig 3 Mm. zu schwellen, welches Maass auch die Spreizung der 3 Narben als gemein-

1) Die Einwürfe, welche von gewisser Seite her nicht nur gegen die ganze Parthenogenesis, sondern sogar gegen diese morphologische Schilderung von A. Braun erhoben sind, mögen der Kritik jedes andern Sachkundigen zugewiesen, hier aber unerörtert bleiben, da Verf. als Motiv derselben nur ein bedauerliches Verlangen nach Tadel und Widerspruch zu erkennen vermag.

samen Durchmesser in der Regel gewinnt. In diesem Zustand verharrte dann der gesammte weibliche Apparat in den von uns beobachteten Blüthen eine unbestimmte, sehr ungleich lange Zeit hindurch. Das Ausbleiben männlicher Beeinflussung wurde von verschiedenen Blüthen-Individuen mit sehr verschiedenem Maass von Geduld ertragen. Die einen kamen früher, die anderen später — wenn der Ausdruck erlaubt ist — zum Entschluss der Selbsthülfe, noch anderen fehlte es dazu ganz an Energie. Viele Blüthen liessen sofort bei ihrem Austritt aus der Umgebung des Knospen-Schutzes ihren Secretions-Apparat spielen. Und zwar sind es nicht allein die 5 äusseren eigenthümlichen, auffallend grossen Kelch-Drüsen, deren je 2 beiderseitig an den Rändern der 2 äusseren Kelch-Blätter sitzen, während die fünfte den einen freien Rand des mittleren dritten Kelch-Blättchens besetzt hält, welche ein sehr reichliches, klebriges Secret absondern und dadurch den Verdacht erregt haben, sich die Rolle von Pseudo-Antheren anzumassen. Vielmehr helfen ihnen die kleinen Binnen-Schüppchen zwischen Kelch und Frucht-Knoten, auf die später noch zurückzukommen ist, dabei nach Kräften. Es übergiessen diese Organe die ganzen Blüthen in allen, besonders aber den Frucht-Theilchen, mit glänzendem Secret, sodass sie zuletzt wie lackirt aussehen und nun, man möchte sagen, mittelst dieses coquetten Glanzes Aufsehen zu erregen und anzulocken suchen. Bei uns freilich vergebens. Denn naht sich auch ein Insect der dargebotenen Honigspende wegen, so bringt es dafür keinen Gewinn ein und die Blüthe müht sich, verwittwet, wie sie zur Welt gekommen ist, in dieser Richtung umsonst und ohne Erfolg ab. Auch hier ist dann das fernere Verhalten verschieden. Wir werden unten im Einzelnen schildern, wie so manche Blüthe Wochen lang die Lockspeise fruchtlos immer wieder erneuert, während andere dessen bald müde werden und in vertrocknetem, fast kümmerlichem Aussehen entweder in Resignation dem Verderben anheimfallen, oder durch plötzliches Aufbieten jener ganz neuen Energie des Thuns selbstständig ein Tochter-Gebilde ins Leben rufen. Diese pflegen dann sichtlich und urplötzlich in eine neue Wachsthums-Arbeit einzutreten, zu schwellen, ein üppiges Ansehen zu gewinnen und oft in überraschend kurzer Zeit zu erheblicher Grösse heranzuwachsen. Das auffallend übereinstimmende Maass von 8 Mm. Dicke, welches fast alle unter unsern Augen erwachsenen Früchte erreicht haben, lässt glauben, dass dies überhaupt das auch im Vaterlande übliche Fruchtmaass sein werde. Und zwar ist dies um so wahrscheinlicher, als weder die Grösse noch der Ausbildungsgrad noch selbst die Anzahl der in diesen Früchten entwickelten Keime auf die Gesammtgrösse der Frucht einen ersichtlich maassgebenden Einfluss verrathen. Dagegen bleibt von den 3 Theilfrüchten jedes Gehäuses nicht selten die eine zurück oder schwindet ganz, sodass die Frucht alsdann nur zweiknotig und flachgedrückt erscheint. Solche Früchte sind denn auch wohl von Anlage schon nur zweikammerig und also in solchem Falle dann auch nur zweinarbig. Immerhin wurde die Mehrzahl der Früchte dreikammerig ausgebildet, obgleich in keinem einzigen Falle alle drei Kammern Keime oder Anlagen zu solchen enthielten. Auch wurden diese kein einziges Mal gleich stark ausgebildet.

Wenn irgend etwas geeignet ist, die Anomalie des ganzen hier beobachteten Verfahrens in der Fructification dieser seltsamen Pflanze in das klarste Licht zu stellen, so ist es diese auffallende Verschiedenheit in den Ergebnissen der in Nothstand unternommenen Frucht-Bildung sowohl, als in den Zeiträumen, welche die einzelnen Entwicklungs-Schritte derselben für sich in Anspruch nehmen. Bekanntlich ist der Rhytmus in der Vollziehung der einzelnen Thätigkeits-Abschnitte des Blühens und Zeitigens der Früchte bei der Mehrzahl der Gewächse ein sehr gleichmässiger, zumal an demselben Standort und gar an demselben Stock. Hier aber sehen wir in einem Blick auf die folgende Uebersichtstafel, dass die zu den verschiedenen Ausbildungs-Vorgängen von den Einzelblüthen gebrauchten Zeiträume ausserordentlich verschieden sind. Schon vier Tage nach der gelungenen Narben-Entfaltung zeigten einige unserer Frucht-Anlagen (Nr. 6 und 8 der Tabelle) ein deutliches Beginnen von Dickenzunahme, während die andern bis zu 25 Tagen vergehen liessen, ehe sie damit begannen, und 2 (Nr. 10 und 11) sogar erst 38 und 39 Tage nach jenem Zeitpunkt, welcher den Eintritt des Empfängniss-Bedürfnisses zur Schau stellt, sich zur Ausbildung ohne Befruchtung anschickten. Die nach dem Beginn der Schwellung allmählich sich vollziehende Reife zeigte alsdann kaum geringere Unterschiede in der Dauer der Zeitigung, indem sie zwischen 14 und 38 Tagen schwankt. Und zwar ist es bemerkenswerth, dass die Frucht-Anlage, welche zuletzt den Anfang eines Grössenwachsthums hatte erkennen lassen, nun am schnellsten, eben in 14 Tagen, mit der Vollendung desselben zu Stande kam. Es möchte scheinen, als ob sie die durch erwartendes Zaudern verschuldete Versäumniss nun in um so fleissigerer Ausarbeitung der in erneuter Energie gestellten Aufgabe wieder gut machen wollte. So gewinnt diese denn die volle Reife auch in nicht längerer Frist, als einige der anderen. Endlich nun bedürfen nach erlangter äusserer Vollwüchsigkeit des Volumens wiederum die innere Zeitigung des Keimlings und auch die Ausbildung der keimlosen Kerngewebe einer nicht minder verschiedenen Zeitdauer, bis sie endlich als reif oder doch scheinreif, taub oder keimbegabt abfallen oder leicht abgelöst werden mögen. Die Uebersicht zeigt in der betreffenden Reihe, wenn wir selbst von den Fällen Nr. 3 und 4 absehen, die möglicher Weise nur Verkümmerungen vorstellen, also mit ihren Tageszahlen 34 und 52 nicht maassgebend erscheinen, dennoch die grosse Schwankung von 4 bis 42 Tagen, die hierzu verwendet sind. Danach belaufen sich dann die Gesammtzeiten von dem symptomatisch typischen Zeitpunkt der Narben-Entfaltung bis zum augenscheinlichen Reife-Ansehen, ebenfalls auf die verschiedenen Tages-Summen von mindestens 50 (Nr. 6 und 7) und höchstens 95, wenn wir wiederum von den Verkümmerungs-Fällen Nr. 3 und 4 mit 98 und 95 Tagen und aus unten anzugebendem Grunde vom Fall Nr. 1 mit nur 45 Tagen absehen. Wie die schwankende äussere Erscheinung der allmählich zur Ausbildung gelangenden Früchte, so beweist auch ausserdem das ungleiche Verhalten der Narben die Anomalie und Regellosigkeit der in Scene tretenden Entwicklungs-Zustände. Zuweilen verkümmern diese Organe im letzten Verlauf der Ausbildung, nachdem sie eine verschiedene Zeit vergeblich des Empfängniss-Actes geharrt haben, in verschiedenem Maasse. Oefter jedoch, wie schon vorher gesagt ist, harren sie noch mit Standhaftigkeit aus, nachdem die Ungeduld der Gesammt-Triebkraft schon längst den erfolgreichsten Versuch energischeren Vorgehens tief unten im Frucht-Gehäuse unternommen hat, selbst bis zum gänzlichen Gelingen desselben. Damit in Uebereinstimmung wird dann, wie ebenfalls bereits gesagt, die Secretion der Blüthen-Drüsen bald kürzere, bald längere Zeit hindurch fortgesetzt.

Endlich gewinnt also die Frucht das normale Reife-Ansehen und springt, wenn man sie nicht etwas vorher in Sicherheit bringt, meist in 3 Theile getrennt, deren Hüllen sich wiederum halbiren, von ihrem Stielchen ab, vermuthlich, wie auch schon bemerkt, den normal entwickelten Früchten im Ansehen gleich.

Es bleibe nicht unerwähnt, dass die Witterung während der ganzen Beobachtungszeit ziemlich wechselvoll und niemals dauernd sehr heiss war. Ende Mai fielen einige warme Tage, sonst war den ganzen Monat lang kühles Wetter, das bis zum 8. Juni dauerte. Darauf stieg die Mittags-Temperatur plötzlich am 15. Juni auf 25° R. Dann folgt eine längere Periode des Wechsels zwischen Gruppen wärmerer und kühlerer Tage, deren Schwankungen sich zwischen 24 und 10° R. bewegten, und erst im letzten Drittheil des Juli beginnt eine etwas gleichmässigere, warme Zeit, deren Höhepunkt $24^1/_2{}^0$ Mittags beträgt, und die bis in den August hinein anhält. Dann folgen wieder kühle Tage im Wechsel mit wärmeren — jene im Ganzen überwiegend. Diese Verhältnisse erklären mithin Nichts für die Entwicklung unserer Früchte, kaum dass sich in einzelnen Fällen ein Einfluss wärmerer Tage auf die schnellere Schwellung derselben bemerken liess.

Während sich diese allgemeinen Entwicklungszüge abspielten, musste denn unsere ganze Aufmerksamkeit darauf gespannt sein, nun, nachdem die Mehrzahl der Blüthen in völlig kindlichem — also zeugungsunfähigem — Alter abgethan waren, bei den der Fortentwicklung zugewiesenen aufs Genauste zu überwachen, ob irgend eine derselben eine oder mehrere Antheren normaler Bildung oder sonst irgend ein räthselhaftes Etwas ans Licht förderte, das die Verrichtung einer solchen abnormer Weise übernehmen könnte. Und in Bezug hierauf kann eben nur einfach berichtet werden, dass dies in keinem einzigen Falle geschehen ist, dass nirgends auch nur eine Verdacht erregende Nebenbildung in den ausnahmslos rein weiblichen Blüthen sich zeigte und dass der gesammte Drüsen-Apparat, nur mit Aussonderung des klebrig süssen Secretes beschäftigt, nichts weniger that, als etwas Pollenähnliches zu erzeugen. Auch ist zu bemerken, dass, im Ganzen genommen, die Gestaltung der Blüthe bis zum Ovarium hin in allen Einzelfällen so übereinstimmend und normal ausgeführt wurde, dass keinerlei Verdacht gegen ihre rein weibliche Natur im Mindesten Platz finden konnte. Dies wird dann durch die unten darzulegende Analyse der unentwickelt abgenommenen Blüthen noch mehr bestätigt werden.

Hiernach mag nun zunächst eine übersichtliche Zusammenstellung der einzelnen Fälle in tabellarischer Form, und dann eine kurze historische Charakteristik jedes einzelnen derselben am Orte sein. In die tabellarische Uebersicht sind natürlich nur die Fälle aufgenommen, in denen die Blüthen es unter unsern Augen bis zur wirklichen oder scheinbaren Zeitigung ihrer Frucht gebracht haben. Und zwar sind diese, mit Auslassung aller unterwegs verkommenden oder aufzugebenden mit laufender Nummer bezeichnet worden (s. umstehende Tabelle).

Ueber die Einzelnen mag alsdann noch Folgendes kurz hervorgehoben werden:

Blüthe 1. Diese Blüthe war wohl bei der Einstellung des Stockes schon ganz entfaltet, selbst empfängnissfähig, so dass sie, wenn nicht gerade sie zum Glück unfruchtbar geblieben wäre, Grund zu neuen Vorwürfen gegen die Zuverlässigkeit unserer Beobachtungen hätte geben können, da sie ja möglicherweise schon vorher im botanischen Garten oder unterwegs auf dem Transporte durch irgend welche — wenn auch unbegreiflichen — Einflüsse hätte befruchtet sein können. Es sind daher auch die bei ihr angegebenen Zahlen der Spalten 2, 9 und 12 in der Tabelle eigentlich nicht maassgebend. Wir haben sie indessen wegen der genügend ausgebildeten Frucht mit aufgeführt. Dieselbe entwickelte sich, merkwürdig genug, erst ganz schief und einseitig. Später, bis zum 15. Juni, erlangte sie indessen durch schnellere Nachbildung der anderen Theile noch ziemlich ihre normale Form. Hieraus zeigt sich die Selbständigkeit der drei Theilfrüchtchen in Bezug auf ihren Antrieb und ihre Gestaltungskraft, da hier offenbar zwei derselben länger auf Empfängniss warteten, als das dritte, nachher aber ihre Arbeit, das Versäumte nachzuholen, beschleunigten. Von den drei Samen war der eine gross und zwei klein, wie die Fächer, die sie beherbergten. Einer der kleineren liess in seinem schwammigen Kernzellgewebe einen spitzzulaufenden Keimsack mit kernhaltigen Zellen finden, die anderen nicht. Der grosse Same zeigte jedoch einen aus kleineren, inhaltreichen Zellen gebildeten Centralkörper an Stelle eines erkennbaren Keimsackes. Einen Keim hatte keiner von allen dreien zu Stande gebracht. — Zwei nachbürtige Seitenblüthen wurden von dieser abgethan.

Blüthe 2 und 3. Dieselben wurden als Seitenblüthen neben einer gipfelständigen, die verkümmerte und verloren ging, beobachtet. Die Entwicklung der einen, Nr. 2, verlief völlig normal. Schon früh, nur 11 Tage nach der Empfängnissreife, begann ihr Ovarium zu schwellen, erreichte seine Maximalstärke von fast 8 Mm. sodann nach 27 Tagen, und brauchte noch fernere 25 Tage, um fast reif zu werden

	1.	2.	3.	4.	5.	
Laufende Nummer der Blüthe.	Wird zur Beobachtung bezeichnet	Hat die Narben etwa horizontal ausgebreitet	Zeigt den Fruchtknoten in einer Stärke von Mm.	Zeigt die beginnende Schwellung deutlich	Derselbe erreicht eine Stärke am	von Mm.
1.	Mai 17	Mai 17	—	Juni 8	Juni 19	7,5
2.	Mai 18	Juni 16	Juni 19 3	Juni 27	Juli 10 Juli 14 Juli 18	6 6,5 < 8
3.	Mai 18	Juni 16	Juni 19 < 3	Juli 1 ?	Juli 10 Juli 17 Aug. 1	< 4 < 4 4
4.	Mai 18	Juni 19	Juni 19 < 3	Juni 20	Juni 27 Juli 10 Aug. 19	> 2 3 3
5.	Mai 20	Juni 12	Juni 12 < 3	Juni 25	Juni 27 Juli 10 Juli 17	4 6,5 > 7
6.	Mai 20	Juni 12	Juni 12 < 3	Juni 16	Juni 19 Juni 27 Juli 17	4,5 6,5 > 7
7.	Mai 20	Juni 12	Juni 12 < 3	Juni 16	Juni 19 Juni 27 Juli 17	4,5 6,5 > 7
8.	Mai 20	Juni 12	Juni 12 < 3	Juni 16	Juni 19 Juni 27 Juli 17	4,5 6,5 > 7
9.	Juni 11	Juni 16	Juni 12 2	Juli 5	Juli 10 Juli 17 Juli 25	5 7 < 8
10.	Juni 12	Juni 16	Juni 19 > 2	Juli 24	Juni 27 Juli 25 Aug. 1	2,5 4 7
11.	Juni 12	Juni 18	Juni 24 > 2	Juli 27	Juli 10 Juli 30 Aug. 1	2,5 < 3 5
12.	Juni 16	Juni 22	Juli 2 2	Juli 14	Juli 17 Juli 25 Aug. 1	2,5 3 6,5
13.	Juni 16	Juni 27	Juli 10 2,5	Juli 18	Juli 17 Juli 25 Aug. 3	3 4,5 6,5
14.	Juni 17	Juli 9	Juli 10 < 2	Juli 24	Juli 17 Juli 25 Aug. 1	< 3 3,5 8
15.	Juni 17	Juni 26	Juli 17 2	Juli 21	Juli 25 Juli 28 Aug. 1	4 6 7
16.	Juni 17	Juni 30	Juli 9 2	Juli 14	Juli 17 Juli 25	3 6
17.	Juni 25	Juni 25	Juli 10 2	Juli 14	Juli 16 Juli 25 Aug. 1	< 3 4 7,5
18.	Juli 13	Juli 18	—	—	Aug. 1	2,5

6.		7.	8.	9.	10.	11.	12.
Derselbe erscheint vollwüchsig		Die Frucht wurde abgenommen	Dieselbe enthält Keime	Von der Narben-Entfaltung bis zum Beginn deutlicher Schwellung vergingen Tage:	Darauf bis zur Vollwüchsigkeit vergingen Tage:	Von der Vollwüchsigkeit bis zur Reife vergingen Tage:	Zusammen Beobachtungstage von der Narben-Entfaltung bis zur Abnahme:
am	mit Mm.						
Juni 27	< 8	Juli 1 (abgefallen)	—	22	19	4	45
Juli 24	8	Aug. 18	3	11	27	25	63
Aug. 1	4	Sept. 22	—	15	31	52	98
Aug. 19	3	Sept. 22	—	1	60	34	95
Juli 24	< 8	Aug. 6	—	13	29	13	55
Juli 24	< 8	Aug. 1	1	4	38	8	50
Juli 24	< 8	Aug. 1	1	4	38	8	50
Juli 24	< 8	Aug. 18	3	4	38	25	67
Aug. 1	8	Aug. 18	1	19	27	17	63
Aug. 10	8	Sept. 5	—	38	17	26	81
Aug. 10	8	Sept. 21	4	39	14	42	95
Aug. 10	7	Sept. 18	1	22	27	39	88
Aug. 10	7	Sept. 6	—	21	23	27	71
Aug. 10	9	Sept. 6	—	15	17	27	59
Aug. 10	8	Sept. 6	1	25	20	27	72
Aug. 1	9	Sept. 8	4	14	18	38	70
Aug. 10	8	Sept. 6	—	19	27	27	73
—		Sept. 22	—	—	—	—	66

(die völlige Reife erreichte es nicht), im Ganzen also das relativ geringe Maass von 63 Tagen zu diesen 3 Entwicklungsperioden. Dennoch gelangte sie zur Gestaltung dreier Keime, von denen zwei zusammen in einem, der dritte in dem andern grösseren Samen entstanden waren. Diese Samen waren trotz ansehnlicher Grösse noch von glatter Haut und der Eiweisskörper noch reichlich mit primärem Zellgewebe erfüllt. Der Einzelkeim war gross und von normalem Ansehen. Taf. 1, Fig. 2a zeigt denselben in zwei Ansichten; α in ungefährem Profilschnitt, β von der Fläche der Keimblätter gesehen. Das Zwillingspaar bestand aus einem grossen mit 3 Keimblättern versehenen und einem kleinen kümmerlicheren, aber doch normal gebildeten Keim (Fig. 2 b, c). Das keimlose, kleinere Fach zeigte einen an sich reifer aussehenden, schon gerunzelten Samen, der aber nur schwammiges Gewebe enthielt[1]).

Die Schwesterblüthe Nr. 3 liess sich anfangs gut zur Fortentwicklung an. Die Fruchtanlage kam indessen nicht voran und schien sogar nach dem 17. Juli wieder etwas an Stärke abzunehmen. Endlich brachte sie es mit Noth zur Dicke von 4 Mm.[2]) und gewann nur die Ausbildung eines einzigen von den 3 Fächern. Von einem Keim zeigte sich natürlich nichts, nur eine der 3 Samenanlagen hatte einen sichtbaren Kern ohne Eiweisskörper.

Büthe 4. Eine Blüthe, welche nach Gewinnung der Pubertät zu keinem sichtlichen Fortschritt mehr gelangte. Der mühsam bis auf 3 Mm. geschwellte Fruchtknoten geht schliesslich sogar wieder etwas zurück, verliert einen Narbenschenkel und verkümmert von Ende Juni an, nachdem die Drüsen über 5 Wochen lang stark und reichlich secernirt haben. Endlich wurde sie mit den letzten Genossinnen spät im September resultatlos abgenommen. Die zwei entwickelten Fächer hatten Samenanlagen mit zwei deutlichen Integumenten und Kern, aber ohne Keim, das dritte ist nicht ausgebildet.

Blüthe 5—8. Ein kleiner Blüthenstand, dessen Gipfelblüthe verkommen war, entwickelte allmählich sieben Seitenblüthen, von denen

1) Die Keime sind sämmtlich auf Taf. 1 in gleicher 20facher Vergrösserung dargestellt und mit der laufenden Nummer der Frucht, in der sie gebildet sind, bezeichnet.

2) In der Tabelle S. 18 und 19 bedeuten die Zeichen $<$ und $>$ »etwas weniger als« und »etwas mehr als«.

vier zur Vollgrösse der Früchte und drei zur Keimbildung gelangten, während noch drei von ihnen zu Grunde gingen. Hiervon war Nr. 5 zuerst von schwacher Entwicklungsenergie und blieb bedeutend hinter den anderen zurück, wie die Daten auf der Tabelle angeben, holte dieselben indessen wieder ein (Juli 12) und erreichte gleichzeitig mit ihnen die ansehnliche Grösse von fast 8 Mm. (Juli 24). Ihre Narbe blieb jedoch klein. Ihre Fruchtfächer und Samen wurden ungleich gross, alle aber von glattem, gutem Ansehen. Der grösste zeigte im Schwammgewebe einen Eiweisskörper, der zweite nur eine Höhlung, der dritte auch diese nicht. Ein Keim bildete sich in keinem aus.

Blüthe 6, 7 und 8 entwickelten sich in merkwürdig gleichmässigem Rhytmus, wie alle Ziffern der Tabelle erweisen, mit Ausnahme der letzten, welche verräth, dass die achte erst 17 Tage später ein Vertrauen erweckendes Reifeansehen erreichte. Bei Allen entfärbten sich die Narben nach dem Aufrichten. Jede entwickelte e i n e n Keim. Und zwar die 6. Blüthe, deren Früchte und Samen wieder alle ungleich gross waren, in dem grössten derselben, während die kleinen auch nicht einmal Eiweisskörper erkennen liessen. Der nur kleine Keim (Fig. 6) des grössten Samens, der ziemlich normal entwickelt war, war wohl gestaltet. Der Eiweisskörper erfüllte den durch Schwinden des Schwammgewebes entstandenen Hohlraum nicht völlig.

Blüthe Nr. 7 hatte fast dieselben Verhältnisse. Der grösste der drei Samen hatte einen etwas kleinen, sonst wohl gebildeten Keim im etwas zu kleinen Eiweisskörper (Fig. 7). Die beiden andern, kleinen waren schwach und kümmerlich, aussen und innen, und kernlos.

Die Blüthe 8 brachte in einem ihrer Fächer Drillingskeime zur Welt, deren einer der grösste von allen wurde, die wir gefunden haben (Fig. 8 a). Die beiden andern blieben kleiner, waren aber wohl ausgebildet (8 b, c)[1]). Der glatte, sonst normale Samen war von grossem

---

1) Bei der Untersuchung der Früchte im Jahre 1864 glaubten wir in dieser Frucht nur e i n e n sehr grossen Keim mit besonders dickem Stielchen und Würzelchen erkennen zu müssen. Die Wiederbetrachtung der Keime behufs jetzt vorliegender Darstellung liess denselben indessen verdächtig erscheinen, und es wurde vom Verf. nunmehr versucht, die überhaupt den jetzt von ihm angewendeten wirksameren Untersuchungsmethoden derartiger Objecte nicht entsprechenden Keimpräparate noch einmal zu öffnen und die Keime wieder zu erweichen und durchsichtiger zu machen. Dies gelang (nach 12 Jahren) so gut,

Albumen erfüllt. Die Frucht war nur zweiweibig. Das kleinere Fach enthielt einen mit bräunlichem Gewebe erfüllten Samen, der die Spur eines Keimsackes zu enthalten schien.

Blüthe 9 war eine von drei seitenständigen Schwesterblüthen, deren zweite alsbald entfernt wurde, während die dritte nach 36 Beobachtungstagen, ohne sich entwickelt zu haben, abstarb. Auch die erste, die von Anfang an zweiweibig war, erreichte den völligen Reife-Zustand nicht, sondern wurde schliesslich mit noch jungfräulich und frisch aussehender Narbe abgenommen. Schon früh hatte die Blüthe, und zwar vorzugsweise mittelst einer Drüse, stark zu secerniren begonnen. Ihre Zergliederung liess jedoch im grössten Fache einen sehr schön entwickelten, grossen Keim erkennen, im grossen, glatten Samen, der, fast ganz mit Eiweiss erfüllt, neben demselben nur noch Spuren des schwammigen Gewebes zeigte. Das kleinere Fach beherbergte nur einen kleinen Samen ohne Keim mit verkümmertem Eiweisskörper.

Blüthe 10 war eine Blüthe von seltsamem Ausbildungsgang. Von Anbeginn an secernirte sie erst aus drei, dann aus fünf immer grösser werdenden Drüsen reichliches Harz, während der Fruchtknoten von der Pubertät an fünf Wochen lang klein blieb und keinerlei Schwellung verrieth und durch Versiegen des Secrets zuletzt ein kümmerliches und trocknes Ansehen bekam. Darauf wächst er mit plötzlich erwachter Energie in 17 Tagen zum vollen Maass heran, und zwar zuerst etwas

---

dass die zuerst in Zahl von 13 freigelegten scheinbaren Einzelkeime dadurch auf deren 19 vermehrt wurden. Den dicken Fuss von Fig. 8, β, b u. c, den dieser Keim erst zeigte, halfen zwei kleinere, sehr wohl gebildete Keime herstellen, die nun sichtbar und trennbar wurden, ausser 8a also 8b und c. Desgleichen löste sich das aus Frucht 16 stammende kleinere Keimgebilde 16β in drei Individuen 16 b, c, d und der grössere Keim aus Fig. 11 (a) gab noch zwei kleinere ab (b und d). Ausserdem zeigten sich in einem und dem andern Falle noch ein Paar rudimentäre wenigzellige Keime neben den deutlich entwickelten, welche möglicherweise noch unvollkommenere Keimanlagen gewesen sein können. Sie sind leider vor genauerer Betrachtung verloren gegangen. Diese Drillings- und Vierlingsgruppen hingen mehr oder weniger deutlich an der Basis durch einiges Zellgewebe zusammen, so dass es fast scheint, als ob ihre Mitglieder aus einem Vorkeim entstanden wären, wie etwa die Keime mancher Coniferen. Dieser Umstand muss also noch ferneren Beobachtungen überwiesen bleiben. Er findet vielleicht in den Keimgruppen, die bei *Funkia* vorkommen, eine Analogie.

schief einseitig (weil er eine Narbe einbüsst?), nachher regelmässiger. Dennoch bringt er keinen Keim zu Stande. Vielmehr enthält der Same des grössten Faches im dicken, braunen Schwammgewebe nur ein Endosperm, aus kleinen, lichten, kern- und stärkehaltigen Zellen bestehend, die in Querreihen stehen. Der Same des kleineren Faches birgt einen kleinen, hellen, keimartigen Körper mit brauner Spitze und der kleinste ein Schwammgewebe.

Die Blüthe 11 ist der vorigen im Entwicklungsgang auffallend ähnlich, was um so bemerkenswerther ist, da sie damit zu viel günstigeren Ergebnissen kommt. Auch hier stockt die Ausbildung des Fruchtknotens über 5 Wochen lang, von der Empfängnissreife der Narben bis zum Beginn sichtlicher Schwellung, welche dann wiederum in sogar nur 14 Tagen vollendet ist. Auch hier wird dieselbe erst von wenigstens sechs Secretionsorganen, die sehr gross werden, mit Harz übergossen und verliert etwa drei Wochen vor beginnender Schwellung das Secret und vorher schon eine Narbe. In einem seiner drei Samen, und zwar im mittelgrossen, zeigten sich jedoch vier Keime, ein grösster, aber dennoch nur ziemlich kleiner, und neben diesem noch drei kleinere von abnehmender Grösse (11 a und b, c, d), die noch nicht völlig entwickelt waren. Alle lagen als Vierlingsgruppe ebenfalls in inniger Berührung, unten durch einiges Zellgewebe in haltbarem Zusammenhang beharrend.

Blüthe 12. Eine Anfangs kleine Blüthe mit auffallend rother Narbe, sondert nur einige Tage aus, entwickelt sich darauf ersichtlich einseitig, bleibt lange klein, erreicht aber dann vom Beginn der Schwellung die Vollwüchsigkeit in kaum vier Wochen. Von den kleinen Fruchtfächern lässt eins keinen, das andere wiederum den hellzelligen centralen Körper erkennen, während das grösste im normal entwickelten Samen ein zwar ziemlich kleines, doch recht gut gestaltetes Embryon besass, dessen Keimblätter die Länge des Würzelchens erreichten.

Blüthe 13. Eine Gipfelblüthe, deren drei Seitenblüthchen von kümmerlichem Wuchs theils umkommen, theils beseitigt werden. Von der Pubertät bis zur deutlichen Schwellung des Ovariums vergehen über vier Wochen bei schwacher Secretion. Dasselbe entwickelt sich dann ungleichseitig und bleibt bis zur Reife hellgrün. Die kleinen Fächer lassen nur Kerngewebe erkennen, das grössere auch einen kleinen, warzenförmigen Eiweisskörper von schönem, strahligem Gewebe. Ein Keim ist dieser Blüthe nicht gelungen.

Blüthe 14. Eine von zwei Schwesterblüthen, die lange Zeit zur Entfaltung ihrer roth und saftig aussehenden Narbe brauchte. Fünf Drüsenschuppen sondern 22 Tage lang reichlichen Honig ab, wovon die ganze Blüthe übergossen ist. Die Vollendung der Vollwüchsigkeit geschieht, nachdem die Schwellung erst 4 Wochen nach der Pubertätsbekundung begonnen, nun etwa in dreien. Dabei wird ein Kern ausgebildet, der statt eines Keimes nur einen unten dicken und oben walzenförmig stielartigen Eiweisskörper in geräumiger Höhle des schön ausgebildeten Samens entwickelt. Die kleineren Fächer enthalten etwas kümmerliche, eingefallene Samen mit lockerem, deutlichem Kerngewebe, das zu brauner Zuspitzung ausläuft.

Blüthe 15. Von mehreren Schwestern allein übrig gelassen, entwickelt sich diese Blüthe ziemlich normal in etwa 10 Wochen, davon nicht ganz vier von der Empfängnissreife bis zum Beginn der Schwellung und kaum drei auf die Erreichung der Normalgrösse verwandt wurden. Von den an Grösse wenig verschiedenen Fächern enthalten zwei nur keim- und kernlose Samen mit centraler Höhle, das dritte grösste jedoch einen Samen mit sehr kleinem, etwas schief entwickeltem, d. h. mit etwas ungleichen, erst in Ausbildung stehenden Blättchen versehenem Keim.

Blüthe 16. Eine Gipfelblüthe auf heurigem Spross, deren zwei seitliche Nebenblüthen nicht zur Entwicklung kommen, während sie selbst nach dreiwöchentlicher, reichlicher Secretion sich sehr normal zur stärksten aller von uns erhaltenen Früchte ausbildet (9 Mm.). Die beiden grösseren Fächer enthielten gut aussehende Samen, eins mit vier Keimen, von denen der grösste nur ziemlich klein, der kleinste sehr klein war, in schön entwickeltem aber etwas losem Eiweisskörper. Besonders dieser letzte unter ihnen war erst im Begriff, zur Keimblattbildung zu schreiten, also noch in typischer Herzgestalt. Zwei andere, mittlere, etwa von halber Grösse jenes grössten ersterwähnten, lagen so innig aneinandergepresst und mit dem unteren Ende fest verschmolzen, dass es erst mit Mühe gelang, sie zu trennen. Aehnlich war der Kleinste der Basis eines der grösseren angeschmiegt. In der kümmerlichen Samenanlage des dritten Faches war ein Kern mit einem rudimentären Eiweiss zu sehen.

Blüthe 17. Dieselbe lässt in ihrer Ausgestaltung nichts Bemerkenswerthes finden, als dass ihre Narbenäste sich allmählich sehr weit aufwärts krümmen. Ihre keimlose Frucht besteht aus zwei grösseren Fächern und Samen mit dickem Schwammgewebe und einem dasselbe nicht ganz erfüllenden weichen Endosperm, und einem kleinen Fach, dessen Samen, von einem ganz braunen Gewebe gebildet, des Eiweisskörpers entbehrt.

Die als 18. bezeichnete Blüthe gelangte überhaupt zu keiner deutlichen Schwellung des Fruchtknotens, selbst bis tief in den September hinein, wo sie, fast ganz verkümmert, mit den andern geerntet wurde.

Aus diesen Einzelheiten geht also als wichtigstes Resultat das hervor, dass, obgleich nirgends in irgend einer Blüthe eine Anthere oder ein Organ, das eine solche hätte vertreten oder vorstellen können, gefunden wurde, dennoch neunzehn unzweifelhafte Keime in den siebzehn der genauen Controle bis zuletzt unterworfenen zum Reifeanschein gelangten Fruchtanlagen gefunden worden sind. Und zwar fanden sich deren fünf einzeln in je einem Fach von fünf Früchten, ein sechster und ein Zwillingspaar in zwei Fächern einer sechsten Frucht bei einander, eine Drillingsgruppe in einem Fach einer siebenten und zweimal Vierlinge in je einem Fach einer achten und neunten Frucht. Dieselben werden als Testobjecte von uns bewahrt und sind die unzweifelhaften Zeugen einer echten Parthenogenesis im schärfsten Sinne des Wortes. Und wenn ausserdem irgend ein Nebenumstand für dieselbe spricht, so ist es die merkwürdige Ungleichheit und Regellosigkeit in dem ganzen Entwicklungsgange. Dies bleibt noch kurz zu erörtern.

Diese bedeutende Anomalie ist es nun, welche, wie sie angefangen hat, auch bis zum letzten Ziel fortfährt. Statt eines in bestimmten Perioden von ähnlicher Länge verlaufenden Rhytmus ist, wie schon eben gesagt ist, hier die Regel nur die Regellosigkeit. Bald kürzere, bald längere Zeit sehen wir vergehen von dem durch die Narbenentfaltung zur Schau gestellten Pubertätsantritt bis zu dem Zeitpunkt, an welchem der Fruchtknoten deutlich und oft sehr plötzlich anschwillt, d. h. also zur selbstkräftigen Nachkommenzeugung schreitet.

Ist das Verfahren dazu so unregelmässig eingeleitet, so wird es wiederum bald schneller, bald langsamer, bald besser, bald weniger gut ausgeführt. Fast alle Stufen von Vollkommenheit werden erreicht, mit alleiniger Ausnahme des Falles, dass drei keimhaltige Samen in drei gleich grossen Fächern zu Wege gebracht worden wären. Sonst finden wir, von dem hohlen, verschrumpften Samen mit nicht mehr erkennbarem Kerngewebe an, solche mit wohl entwickeltem Kern, theils ohne, theils mit Eiweiss, unter verschiedenem Schwinden des perispermischen zu Gunsten des endospermischen Gewebes. Zuletzt vollendet entwickeltes Endosperm von normaler Gestalt, bald leer, bald endlich mit einem, mit zwei, selbst mit vier Keimen. Dem inneren Gehalt entspricht die äussere Physiognomie der Samen, Theilfrüchte und Gesammtfrüchte. Bei Allen fast sind die Fächer innen wie aussen ungleich entwickelt. Viel ungleicher als die Früchte, welche eigentlich eine auffallend übereinstimmende Grösse — durchschnittlich 8 Mm. — erreicht haben, oder als selbst die verschiedenen Fächer und Samen, sind die Keime selbst, nicht bloss an Gestalt und Verhältnissen der Keimblätter zum Wurzelende, sondern auch an Grösse. Wenn auch alle darin übereinkommen, dass sie einen walzen- oder eiförmigen hypokotylen Theil und zwei flach auf einander gelegte, ziemlich corpulente Keimblätter haben, der Stammknospe aber noch entbehren, so zeigen sie sonst allerlei Abweichungen. Ein Blick auf die Abbildungen, die alle in gleichem Maassstabe ausgeführt sind, zeigt, dass der grösste, Fig. 8 a, etwa elfmal so gross war, als der kleinste, einer von den Vierlingen in Frucht 16 (d). Soll aber dieser, als von noch gar zu unentwickeltem Aussehen, hierbei nicht als vollwerthig in Betracht kommen, so ist jener Riese aus Frucht 8 immer noch mehr als dreimal grösser, als die sechs Keime aus den Früchten 2 (der kleinste, c), 6, 7, 11 (der grössere Vierling 11 a), 12 und 16 (der grössere, a), denen man eine zur Entwicklungsfähigkeit ausreichende Gestaltung abzusprechen schwerlich berechtigt wäre. Zwei Keime aus Frucht 2 (a u. b), deren einer sogar drei Keimblätter gebildet hat, kommen jenem aus Frucht 8 ziemlich nahe. Dagegen sind Keim 15, die drei kleineren Keime der Frucht 11 und zwei mittlere aus Frucht 16 ebenfalls nur sehr zwerghaft, zum Theil kaum grösser und nur wenig ansehnlicher als jener kleinste Vierling aus Frucht 16, während endlich Keim 9 nicht nur von mittlerer Grösse ist, sondern dem Anscheine nach an elegantem Ebenmaass seiner Gestaltverhältnisse viele der anderen übertroffen hat.

Bei aller dieser auffallenden Verschiedenheit war nun durchaus nicht, wie man hätte erwarten dürfen, eine gewisse Beziehung zwischen dem Grade der Ausbildung oder der Wohlgestalt der Keime und der Dauer der Entwicklungsabschnitte der Früchte zu erkennen. Ebenso wenig steht die ärmere oder reichere Secretion damit in erkennbarem Verhältnisse. Ein Blick auf die Tabelle lehrt dies durch wenige Beispiele. Die productivsten Früchte, 2, 8, 11 und 16, haben ganz verschiedene Zeiten nöthig gehabt, um von der Pubertät zur Gravidität, von dieser zur Vollwüchsigkeit und endlich zur sichtlichen Reife zu gelangen. Andrerseits sind diese Zeiträume und der Ausbildungsgang der so productiven Frucht 11 und der unproductiven Frucht 10 einander sehr ähnlich. Nur die Blüthen 5—8 sind, Schwestern von Geburt, einander fast in allen Stücken ähnlich entwickelt. Wiederum zeigen auch die unfruchtbaren Blüthen keine merkbare Uebereinstimmung.

Trauen wir nun den oben bezeichneten sieben Zwergen unter den Keimen nichts Rechtes zu, so bleiben in Summa immerhin 12 Keime, also mehr denn halb so viel, als zur Fruchtbildung gelangte Blüthen, von denen die Anlage und der Ausbau eines neuen *Caelebogyne*-Individuums hätte erwartet werden können, wären sie, statt zur Analyse zerschnitten, rechtzeitig zur Kultur ausgesäet worden, wie solche früher in hiesigen und in den englischen Gärten öfter versucht und mit Erfolg gekrönt worden ist.

Sind also jene früheren Keimungen von hier erwachsenen, dem Anscheine nach rein mütterlich sowohl erzeugten wie zur Welt gebrachten Früchten Beweise, dass auf solche Weise hier entstandene Keime keimen können, und liegt jetzt der fernere Beweis vor, dass solche Keime hier in der That ohne Antheren in ihren Blüthen haben entstehen können, so sind wir der Vollständigkeit der Induction zum Gesammtbeweis ziemlich nahe gekommen.

Doch bleibt noch hierzu der letzte Theil unserer Beobachtungen als letzte Vervollständigung zu erörtern. Haben auch wirklich die untersuchten 18 Blüthen keine Spur männlicher Organe entdecken lassen, so könnten doch alle die abgenommenen Blüthenanlagen, so jung sie waren, dergleichen Vorrichtungen im Versteck bei sich geführt

geführt und vor ihrer Beseitigung heimlich in Anwendung gebracht haben.

Hierüber ist also zu berichten, dass sämmtliche Blüthen, die sich während der gesammten Beobachtungszeit an allen Theilen des Stockes ausser jenen schon besprochenen zeigten, und die, wie schon gesagt, alle in Alkohol aufbewahrt wurden, nunmehr nach Feststellung der wichtigeren, die Keime betreffenden Thatsachen eine nach der andern ohne Ausnahme von uns der genauesten Untersuchung unterworfen worden sind.

Wie schon gesagt, fanden sich auch hier keine Spuren von Antheren oder solcher Theile, die den Verdacht erregen konnten, deren Stelle heimlich zu vertreten. Ausser den von A. Braun früher a. a. O. ausführlich geschilderten fünf Blüthenhüllblättern, welche stets entweder in guter $^2/_5$-Ordnung oder in einer, den etwa nachfolgenden Blättchen zu Gefallen etwas verschobenen, auch wohl zu $^3/_8$ verkürzten Divergenz auf einander folgen, und diese Ordnung in guter Deckung erkennen lassen, sind es nur zweierlei Theile, die diesen in ihrer Function zu Hülfe treten. Dies sind einerseits kleine Vorblättchen, im günstigsten Falle drei, welche dann in gleicher Spiraldivergenz den Kelchblättern unmittelbar vorangehen, sie nahe umstehen und meist ebenso mit je zwei grossen seitlich rückenständigen Drüsenwarzen ausgerüstet sind, also gradezu die Zahl der den Fruchtapparat schützend umhüllenden Phyllome von 5 bis auf 8 erhöhen können. Andrerseits wird die Reihe der Kelchblätter nach innen zu in völlig gleicher Weise durch Blattorgane fortgesetzt, welche ebenfalls in Zahl von 1 bis 3 in gleich eutopischer Stellung den Raum zwischen Kelch und Ovarium, wo etwa Staubgefässe zu erwarten wären, einnehmen. Sehr häufig ist das erste von diesen genau in Stellung eines sechsten Kelchblattes — wie unten noch weiter zu besprechen sein wird — ausgebildet und gleicht meist auch in seiner Form einem solchen, indem es an Grösse etwa ebensoviel hinter das fünfte zurücktritt, wie dieses und seine Vorgänger in der Richtung von den Vorblättern her schrittweis schon an Grösse abzunehmen pflegen. Man kann es dann, wenn man will, einfach als sechstes Kelchblatt ansehen. Und es wird in diesen, wie gesagt, häufigen Fällen einschliesslich der drei erwähnten Vorblätter, der Blüthenapparat alsdann aus neun Blattorganen gebildet, die das Ovarium einhüllen. Auf die letzten noch gut in ihrer Gestalt erkennbaren Secretionsschüppchen folgten in einzelnen Fällen noch unscheinbare, rudimentäre, oft nur wenigzellige Zäpfchen, meist die Fortsetzung der Spirale andeutend, obgleich nicht immer in ununterbrochener Folge. Eine Reihe von solchen sechs Kelchblättchen aus einer Blüthe sind auf Taf. 2 in ihrem Grössen- und Gestaltverhältniss abgebildet (Fig. 1—6).

Die sorgfältige mikroskopische Betrachtung dieser sechsten und demnächst auch sowohl der etwaigen siebenten und achten, als andrerseits rückschauend der fünften, vierten u. s. w. Blüthenblättchen lehrte indessen noch eine besondere Bildung derselben kennen. Dieselben nahmen zunächst nicht nur in der Reihe ihrer Entstehung überhaupt an Grösse schnell ab, sondern wurden auch an Gestalt immer schmaler. Dabei werden ihre Ränder wulstig und drüsig und gehen nach oben in einen zottig behaarten, etwa haarbuschförmigen Zipfel aus. Die beginnende Umwandlung zum Staubgefäss ist nun freilich für den Zweifler bei oberflächlicher Betrachtung gar nicht mehr zu verkennen, so lange er unterlässt, ein Mikroskop zu Hülfe zu nehmen. Es fehlte eben nur, dass die wulstigen Ränder ihm den Gefallen thäten, ein Paar Pollenkörnchen zur Welt zu bringen, so wäre die sitzende Anthere mit dem so oft vorkommenden geschopften Zipfel leibhaftig fertig. Oder es möchte sich dieser schmale zipfelförmige Fortsatz oben nur entschliessen, ein Paar Staubkölbchen herauszugestalten, so wäre wiederum alle Verlegenheit beseitigt und die unbequeme Erscheinung ungesetzlicher Keimbildung gebührend wieder abgeschafft. Allein es geschieht eben von beiden Dingen keins, geschah wenigstens in allen von uns untersuchten Fällen nicht. Nicht einmal die allerkleinsten abnormen Rudimente wollten irgend etwas Räthselhaftes an sich tragen. Der von uns analysirten Blüthen waren indessen ausser den oben geschilderten achtzehn, ausser einigen wenigen schliesslich verloren gegangenen und ausser 25 bis 30 Stück, die so jung abgenommen wurden, dass eine Analyse unnütz erschien, noch 83 Stück, mithin im Ganzen 101.

Die genaue Beobachtung der Randwülste der Blüthenblätter zeigte nun, dass diese aus dem allbekannten höchst typischen und überaus leicht erkennbaren Zellgewebe der secernirenden Organe beständen: Im Innern vollsaftige allseitig gelagerte kleine Parenchymzellen, aussen mit parallelen Längsachsen neben einander in einfacher Schicht geordnete Papillenzellen, die eigentlichen Organe der Aussonderung, die man deshalb gern mit dem thierischen Cylinderepithel vergleicht (T. 2, F. 7, 8, 9). Diese Drüsen bilden unregelmässige Schwielen, längs der Seitenwände der schuppenförmigen Blättchen bis zum Zottenzipfel hin fortlaufend (3, A, B), und zwar bald ununterbrochen, bald zu getrennten Wärzchen oder Kämmen zertheilt. Schon die mittleren Kelchblättchen nehmen an dieser Bildung Theil, so dass vom ersten Auftreten der drüsigen Ränder an diese in umgekehrtem Verhältniss an relativem Volumen zunehmen, wie das sonstige Parenchym an Flächenausdehnung abnimmt, d. h. je kleiner die Schüppchen werden, desto mehr bestehen sie aus Drüsengewebe, zuletzt fast ausschliesslich (2, 1—6; 3). Der Bau der viel gröberen äusseren Drüsen dürfte im Allgemeinen diesen ähnlich sein, doch haben wir ihn noch nicht genauer untersucht, auch nicht, ob sein Secret sich chemisch von dem Honig der inneren Drüsen unterscheidet. Von Antherengewebe aber zeigt sich weder in den einen noch in den anderen eine Spur.

Wer sich Angesichts dessen nun immer noch lieber fremde Pollenkörner als Anstifter dieser Unordnung mit Gewalt herbeiziehen oder *Caelebogyne*-Pollen aus Neuholland durch ein besonderes Wunder herkommen lassen will, oder wer sich immer noch lieber vorstellen will, dass die *Caelebogyne*-Frucht unter allen Phanerogamen allein statt der Pollenschläuche sich in stiller Selbstgenügsamkeit mit etwas den eigenen Drüsen entquollenem Honigseim zufrieden geben könne — uns hat sie durch nichts verrathen, dass sie dies verstehe — der vertauscht, wie gesagt, ein kleines Wunder mit einem sehr grossen und so ist mit ihm nicht zu streiten. Einen wissenschaftlichen Grund giebt es zur Zeit für solche Ansicht nicht mehr, aber kein Mensch kann ihre Unmöglichkeit nachweisen, nur dass kein wissenschaftliches Denken sich für berechtigt halten sollte, Annahmen aus der Luft zu greifen, um die nahe vor Augen liegenden begründeten Thatsachen zu ignoriren.

Fassen wir also die vorstehenden Ergebnisse schliesslich kurz zusammen: Unser Exemplar trug nirgends Antheren oder Pollenzellen. Es erzeugte trotz dessen in fast allen zur Entwicklung belassenen Blüthen scheinreife Früchte und in der Hälfte derselben Keime. Von anderen männlichen Pflanzen war kein Pollen zu beziehen. Die Unregelmässigkeit der Anlage und Ausbildung der Keime widerspricht der Annahme einer normalen Entstehungsweise derselben. Spuren von Pollenschläuchen oder Zellen sind nirgends wahrgenommen. So fasst sich Alles kurz zusammen und indem der Eine von uns selbst die Ueberzeugung, dass diese Keime rein im mütterlichen Organ als ausschliessliche Production von diesem entstanden sind, befestigt, der Andere diese nunmehr unumstösslich gewonnen hatte, glaubten wir die Annahme derselben als eine Thatsache, die nunmehr ausreichend festgestellt ist, der Wissenschaft überliefern zu sollen.

3. Bedeutung der Parthenogenesis im Vergleich mit anderen Fortpflanzungsweisen.

Es ist kein erfreuliches Unternehmen, die Wirklichkeit einer beobachteten naturwissenschaftlichen Thatsache dadurch aus der Welt zu schaffen, dass man ihre theoretische Unmöglichkeit zu erweisen sucht. Nicht ohne Befriedigung dagegen kann man im entgegengesetzten Falle die Begründung einer ungewohnten factischen Erscheinung aus den allgemeinen theoretischen Anschauungen her versuchen, wenn dieselbe thatsächlich ausser Zweifel gesetzt vor einem liegt. Es sei also gestattet, solchem angenehmeren Geschäfte wenigstens in Bezug auf einige theoretische Betrachtungen Raum zu geben, obschon A. Braun schon bei den erwähnten Gelegenheiten auch die theoretischen Bedenken ausreichend gehoben zu haben wohl annehmen durfte.

Es handelt sich um die Fragen, wie es den hergebrachten Auffassungen der Sexualität gegenüber plausibel zu machen sei, dass die Natur die selbstgegebenen Gesetze so schroff verletze, ob sie nicht vielmehr dieser Schuld durch die Annahme entlastet werden könnte, dass der ohne väterliche Zuthat entstandene Scheinkeim überhaupt den Werth eines Keimes gar nicht habe, und ob also somit die ganze Geburt solcher Neuwesen aus jungfräulichen unbefruchteten Mutterorganen nicht vielmehr bloss als ein specieller Fall der individuellen Knospenverjüngungen aufzufassen sei.

Wir werden dem gegenüber Folgendes in Erinnerung bringen oder kurz erörtern: Erstlich ist die geschlechtliche, beidelterliche Zeugung überhaupt kein Naturgesetz. Alsdann hängt die Entscheidung, ob Keim oder Knospe, morphologisch nicht von willkürlicher

Deutung, sondern von einfach zu sehenden, thatsächlichen Eigenschaften des jungen Neugebildes ab. Ferner lässt sich zeigen, dass die Pflanze mit der Ausübung der Jungfernzeugung das Maass der auch sonst bei mancherlei reproductiven und defensiven Handlungen von ihr zur Schau gestellten Gestaltsamkeit durchaus nicht überschreitet. Und endlich sind die parthenogenetisch entstandenen Keime in biologischer Hinsicht weder den Knospen, noch den beidelterlich erzeugten, normalen Keimen völlig gleich zu erachten, ob sie gleich unzweifelhaft als Keime überhaupt und nicht als Knospen taxirt werden müssen.

Zunächst sei der Einwurf, die *Caelebogyne*-Keime seien nur Knospen, von morphologischer Seite ins Auge gefasst. Eine Knospe, das will sagen der Anfang eines neuen Sprosses am alten, fortexistirenden Individuum, kann nur solcher Theil genannt werden, der sich in der That aus dem Zellgewebe des alten Individuums selbst herausbildet, also mittelst seiner Basis, seiner Ursprungstelle als unmittelbare Fortsetzung des Mutterindividuums nur als dessen Theil zu existiren beginnt. Irgend ein Theil einer Pflanze lässt aus einigen oder auch nur einer ihrer Zellen ein Blastem erwachsen, und löst den Zusammenhang mit ihr erst später. Nicht so der Keim. Von Anbeginn als einzelne, freie Tochterzelle innerhalb einer Mutterpflanzenzelle angelegt, ist er von Anbeginn selbständig, von der Mutterzelle der Gestalt nach unabhängig, ringsum abgeschlossen, als neues Eigenwesen, nicht als blosser Fortsatz eines Theils des Mutterorgans angelegt. Dass der Zutritt eines Befruchtungszuschusses nicht zum Begriff eines Keimes an sich als nothwendiges Merkmal gehört, ist ohne Weiteres klar, da alle Welt längst wusste, was ein Embryon war, bevor irgend jemand von Spermatozoidien oder Pollenschläuchen eine Ahnung hatte. Die Selbständigkeit der Anlage im Mutterschoosse als eigene Individualität von Anbeginn macht den alleinigen morphologischen Inhalt dieses Begriffes aus, im Gegensatz gegen jedes Knospengebilde, das zunächst nur in Zugehörigkeit zum Muttersposs angelegt und als Glied desselben ausgebildet wird. Wenn man nun auch nicht von allen jenen *Caelebogyne*-Keimen die Anfangszellen in ihrer Selbständigkeit hat zur Beobachtung ziehen können, so tragen diese Körper doch alle Züge der in sich abgeschlossenen Individualität von Keimen in voller Deutlichkeit und Normalität zur Schau, und lassen unter dem Mikroskop keinerlei Abweichungen von den allgemein geltenden Regeln des Zellaufbaues der dikotylen Keime entdecken. Wer öfter gesehen hat, wie Keime und Knospen zu ihrer Gestalt gelangen, wird kaum einen der von uns hier abgebildeten — oder der früher zur Darstellung gelangten — Keime dieser Pflanze, welche alle mit deutlichen, freien Wurzel- oder Laubenden versehen sind, im Ernst für eine Spross- oder Brutknospe taxiren wollen. Ob diese Neugebilde dabei zwei oder drei oder beliebig viele oder gar keine Blätter besässen, wäre sogar völlig gleichgültig. Ebenso, wie diese gestellt wären. Die Ansicht von der Knospennatur dieser Bildungen kann daher nur noch festgehalten werden, wenn man den Begriffen Keim und Knospe ihre bisher übliche Bedeutung nimmt. Einstweilen bleibt sie in morphologischer Hinsicht abgewiesen.

Um den andern Bedenken zu begegnen, sei es gestattet, einen Augenblick auf das Wesen der geschlechtlichen Zeugung dadurch näher einzugehen, dass wir sie in ihren Vorgängen und Resultaten der ungeschlechtlich zu Stande kommenden Fortpflanzung sowie der einfachen Verjüngung gegenüberstellen. Es giebt verschiedene Wege für den alternden Organismus, die auf die Neige gehende individuelle Lebensfähigkeit neu zu verjüngen. Was sich vorbildlich überall im Lebenslauf der Einzelzellen vollzieht, geschieht ähnlich in dem derjenigen ganzen Pflanzen, welche ihren Körper aus vielen Zellen aufbauen. Ueber diese Vorgänge hat sich A. Braun früher schon ausführlich ausgesprochen. Für den vorliegenden Zweck genügt es, aus allen den Verschiedenheiten zunächst nur vier von diesen Methoden der Verjüngung kurz zu charakterisiren.

In einfacherer Weise sehen wir z. B. die Verjüngung so eintreten, dass die gegen das Ende des individuellen Lebens in vielen einzelnen Gliedern des Körpers vertheilten Bildungsstoffe und -Kräfte schliesslich wiederum an einem Orte sich sammeln. Und dies geschieht im allereinfachsten Falle bei den einzellebigen Zellen niederer Algenarten — wie der *Palmellaceen* — zunächst lediglich durch Aufgeben der alten Hülle und der alten Wohnstätte, so dass dann die Vermehrung noch stets mit der Aufgabe der mütterlichen Existenz verbunden ist. Die alternde Zelle tritt in erneuter Energie als Protoplasmaleib aus der eigenen Cellulose-Umhüllung aus, macht sich flott und mobil und sucht eine andere Wohnstätte, um nach kurzer Wanderfrist ein neues, sesshaftes Leben zu beginnen, und sich mit neuem Zellstoffgehäuse auszustatten. Hier wird nicht sowohl ein besonderer Ort des Mutterindividuums zum neuen Bildungsheerd bestimmt, sondern der so einfache Organismus der Einzelzelle recreirt seine Gestaltsamkeit durch Trennung seines bewegsamen Theiles von der starr gewordenen Hülle. Die Zellstoffhaut wird verlassen. Ihr Inhalt, der gesammte Protoplasmaleib, fängt einen neuen Lebensbetrieb an.

Ein etwas anderes Verfahren wird von vielen mehrzelligen Pflanzen, bis zu den höchsten Phanerogamen hinauf, eingeschlagen. Sie sammeln ihre Reproductionskräfte an einem beschränkten Platz ihrer grösseren Körperlichkeit, transportiren dahin auch die phytochemischen Producte der Laub- und Wurzelarbeit und legen hier eine neue Knospe an, die mit diesen Schätzen und Kräftequellen ausgestattet wird. Somit in den Stand gesetzt, den von der Mutterpflanze nun ganz durchlaufenen Gestaltungskreis von Neuem anzufangen, baut diese dann eine neue Körperlichkeit nach dem von der Mutter vererbten Plan, dieser ganz ähnlich, auf. So verjüngen sich z. B. unsere Wiesen-*Orchideen*, die *Colchicum*-Arten und manche andere *Monokotylen* alljährlich durch völlige Neuanlage ihres individuellen Körpers in jährigem Rhytmus und in unbegrenzter Folge. Auch von *Dikotylen* thun es viele, es wäre zu lang sie aufzuzählen. In diesen Fällen geht Alles, was die Mutter stofflich besitzt und virtuell vermag im einfachen Erbschaftsvermächtniss dergestalt vollkommen auf die Tochter über, dass man nur zweifelhaft sein kann, ob man überhaupt von einem Tochterindividuum reden, oder nur einen durch einen neuen Spross fortgesetzten Lebensvorgang des alten Mutterindividuums zugeben soll. Dies ist indessen für unsre Betrachtung unerheblich.

Die dritte Weise der Verjüngung schafft Heerde der Reconstruction in grösserer Zahl. Das an das Ende des eigenen Gestaltungsplanes gelangte Individuum vertheilt die Stoffe auf verschiedene Punkte, in denen dann die Anlage von Tochterbildungen betrieben wird. Oder es werden selbst vegetirende Seitensprosse ohne Weiteres zur Selbstbewurzelung und zur Abgliederung behufs eigenen Wirthschaftsbetriebes befähigt. Alle die vielerlei Vervielfältigungsweisen holziger und besonders staudenartig ausdauernder Gewächse, die Seitensprosse und Kriechsprosse, welche neben dem Mutterstock ihre Colonisation ausführen, die Brutzwiebeln unter und über der Erde, die bald nesterweis vereinigt, bald vereinzelt und verstreut, das eine absterbende alte in zahlreichen neuen Einzelwesen wieder erstehen lassen, die Brutknospen an allen möglichen Luft- und Endsprossen, selbst an Einzelblüthen und Nebenwurzeln, endlich die Brutknöllchen der Moose und die ruhenden sowohl wie locomobilen Brutzellen der *Thallophyten* geben ein so reiches Bild dieses fast allgemeinen und ausnahmslos herrschenden Verjüngungsverfahrens, dass es genügen wird, an die zahlreichen Formen desselben hier einfach zu erinnern. Alle diese mehrfachen Brutpflanzen theilen die mütterliche Hinterlassenschaft an Stoffen und Triebkräften unter sich, um sie zu gleichartigen Wiederbauten zu verwerthen. Die Kunst der Pflanzenzucht hat zu den natürlichen noch fast ebensoviel künstliche Wege zu gleichem Ziel einzuschlagen gewusst. Ableger, Stecklinge, Brutaugen, Theilung von Knollstöcken, Zwiebeln und Sprossnestern, Veredlung mittelst Auge oder Reis bilden eine neue Mannigfaltigkeit der Vervielfältigung des Individuums.

Endlich reiht sich an die einfache und mehrfache Verjüngungsform durch Knospen als vierte Art der Vermehrung die geschlechtliche Zeugung. In den vorigen trennt sich ein Theil vom alten Mutterstock als Beginn eines neuen ab. In der Zeugung wird das entgegengesetzte Verfahren eingeschlagen. Nicht abgegliedert wird ein Neues vom Alten, sondern in demselben ganz neu constituirt. Nicht ein Theil eines Theiles, wie in der Mehrzahl obiger Fälle, sondern vielmehr die Zusammensetzung zweier Stücke verschiedener Theile eines oder selbst verschiedener ganzer Individuen findet Statt, um den Zeugling herzustellen. An der Stelle der Separation tritt also eine Summation von Material und Begabung.

In der Regel werden zum Zwecke dieses Zeugungsactes zweierlei verschieden gestaltete (dichotypische) und an verschiedenen Orten angelegte (dichotopische) Zellen ausgebildet, die einen selbstbeweglich oder transportabel, die andern ruhig an ihrem Orte ausharrend. Jene bilden das männliche, spendende, dieses das weibliche, empfangende Zeugungsmitglied. Ihre Beschaffenheiten, so verschieden sie seien, zu erörtern ist hier nicht der Ort. Uns interessirt hier zunächst nur, dass immer ein oder mehrere männliche Zeugungskörper von einem weiblichen empfangen werden, bevor dieser sich weiter entwickelt und ein junges Neuwesen herstellt. Zur Ausgestaltung des ganzen Geschlechts-Apparates gehören bei der complicirten Lebensweise der Phanerogamen sehr vielerlei Hülfs- und Nebendinge. Immerhin sind die beiden Hauptpersonen im sexuellen Process nur einfache, einzelne Zellen, Protoplasmaleiber zunächst, die nur verschiedentlich eingehüllt und umbaut werden. Bei den einfacheren Kryptogamen dagegen sind es wesentlich Tochterzellen von solchen älteren Zellen, deren Gestaltung von der der unfruchtbaren Schwesterzellen weniger abweicht. Hieraus folgt, dass, je niedriger die architektonische Vollendung des Pflanzenkörpers, desto ähnlicher sich im Ursprung und Typus im Allgemeinen die beiderlei Zeugungszellen werden. Endlich treffen sie, wie bekannt, wenn man die Reihe rückwärts verfolgt, bei den Conjugaten in Gleichwerthigkeit zusammen. Das Bedürfniss ist nur, selbstständige Zellen, die schliesslich aus ihrer Bildungsstätte zu entlassen sind, herzustellen. Dies giebt mithin freie Tochterzellen, welche als solche Alle einander ähnlich sehen. Auch in vollkommneren Formen selbst schreitet die Aehnlichkeit beider bei vielen noch um einen Schritt voran. Für beide Zellen ist die Differenzirung einer Stelle an ihrem Umfang erforderlich, den männlichen zur Ausgliederung von Ruderwimpern, den weiblichen zum Empfängnissort. Dadurch gewinnen sie an physiognomischer Aehnlichkeit.

Nun aber liegt für viele Kryptogamen, besonders thallophytischen Ranges, dasselbe Bedürfniss vor, wenn sie nur individuelle Vervielfältigungszellen auf ungeschlechtlichem Wege hervorbringen sollen. Auch diese sollen in sehr vielen Fällen locomobil sein, also Schwimmorgane besitzen. Zudem haben sie, wie die weiblichen Zeugungszellen, sich selbständig auszubilden, um ein getrenntes Individuum herzustellen. Auch das ist auf niederster Bildungsstufe durch Tochterzellen, die frei im Innern von Mutterzellen angelegt werden, am Einfachsten zu erreichen. Die Aehnlichkeit des Bedürfnisses lässt mithin dreierlei Zellen, trotz ihrer verschiedenen virtuellen Aufgaben, in den allgemeinen Zügen ihrer Gestalt einander typisch ähnlich werden. Wie die weiblichen und männlichen Zellen in der Conjugatenform noch keine oder unmerkliche Differenzen an sich tragen, so bilden andrerseits die unbefruchtet bleibenden Brut- oder Schwärmsporenzellen dieser und andrer Algen mit den zur Befruchtung bestimmten weiblichen Zellen (Eizellen) aller Kryptogamen und Phanerogamen eine einzige fortlaufende morphologische Reihe. Mithin liegt bei diesem dritten, geschlechtlichen Vermehrungsverfahren das Charakteristische nicht in morphologischen Besonderheiten der Eizellen, sondern einzig und allein eben in dem Umstand, dass zur Herstellung eines Neuwesens mindestens zwei Contribuenten gehören, ein spendender und ein empfangender Körper.

Will man nun auf morphologischem Rechtsboden correct verfahren, so kann man eigentlich nur, jener Knospenbrut gegenüber, die durch Auszweigungen am Körper der Mutter entsteht, sämmtliche frei im Inneren der Mutterzelle entstandenen Fortpflanzungszellen, welche zur Keimbildung bestimmt sind, als Keimzellen (Embryoplasten) zusammenfassen. Und erst nach Maassgabe des ferneren Verfahrens seitens ihrer Eltern kann man von den befruchteten unter ihnen die unbefruchteten unterscheiden, und diese zu den Brutkörpern schieben, jene aber als sexuelle Keime besonders taxiren. Keineswegs also, es sei wiederholt, macht die Gestaltung zwischen Beiden den Unterschied, sondern nur die hier nur mütterlich, dort beidelterlich vollzogene Zeugungshandlung. Bei dem Anstaunen der ausnahmslosen Allgültigkeit des vermeintlichen Gesetzes der Sexualität für die ganze organische Natur hat man eben nur einen Augenblick vergessen, dass man die Begriffe von Keim und Eizelle erst willkürlich auf diejenigen Fortpflanzungszellen beschränkt hat, welche durch väterliches Zuthun entstanden, die ohne dasselbe zu Stande gekommenen aber begrifflich ausgeschlossen hat. Ein unbefangenes Inductionsverfahren hätte ja vielmehr von vorn herein ebensowohl zu dieser eben entwickelten Auffassung führen können, dass es nämlich bei allen *Thallophyten* und *Farnen* eine weit verbreitete Sitte sei, den einen Theil ihrer Fortpflanzungszellen rein mütterlicherseits, den andern durch beidelterliches Zusammenwirken, jene also mittelst typischer Parthenogenesis, herzustellen. Damit wäre dann freilich der ganze Streit über die Möglichkeit einer solchen Erscheinung selbst von vorn herein unmöglich geworden.

Können nun frei gebildete Tochterzellen die Fortpflanzung des mütterlichen Stockes theils mit, theils ohne Befruchtung ausüben, so könnte man sich ebensowohl die Frage aufwerfen, ob es nicht auch bei den Anlagen von Brutknospen, welche zu Propagationszwecken bestimmt sind, und der Regel nach eben lediglich aus irgend einem einzelnen Ort des Mutterstockes hervorspriessen, vorkommen könnte, dass sie ebenfalls eine befruchtende Zuthat von einem gewissermassen väterlich wirkenden andern Theil der Pflanze erhielten und durch ihn in ihrer Ausbildung gefördert oder überhaupt erst dazu befähigt würden. Wir müssten uns dann etwa denken, dass ein Spross oder eine Knospe irgend eine organisirte Zuthat in den Bezirk und die Substanz ihres innersten Eigenwesens aufnähme, und zwar als wesentlichen, für gewisse Fälle unentbehrlichen Bildungs-Contribuenten.

Und giebt es denn nicht solche Fälle? Wo ist denn die einzelne Eizelle der *Florideen*? Oder welchen Zellen wollen wir bei den mancherlei Pilzen diesen Titel verleihen, welche noch im kindlichen Zustand eine Befruchtung zweier Schlauchzellenenden vor sich gehen lassen, um daraus einen ganzen Fruchtstand zu bilden? Sind nun auch viele dieser letzteren Fälle in ihrem architektonischen Vorgang noch nicht genügend geklärt, so ist in der That doch bei den *Florideen* von einer Eianlage, die den männlichen Befruchtungskörper aufnähme, nichts zu finden. Die Endzelle eines Sprosses übernimmt das Empfängnissgeschäft uud das Resultat ist die Ausgestaltung einer ganzen kleinen Sprossgenossenschaft, die in ihren einzelnen Zellgliedern viele von einander getrennte Eizellen bildet. Was kann hindern, dies in morphologischer Hinsicht als Befruchtung eines Sprosses aufzufassen? Wenigstens bildet diese Weise zu verfahren dergestalt einen Uebergang, dass damit die Freiheit in der Anwendung einer einseitigen oder beidseitigen Zeugung für alle Fälle ins hellste Licht gestellt wird. Die Strenge des scheinbaren Gegensatzes schwindet somit bei dieser Betrachtung und wird durch Heranziehen von andern Vorkommnissen noch mehr gemildert. So haben die Farne und Moose in der That echte und unzweifelhafte Eizellen, welche durch ihre Spermatozoidien befruchtet werden. Allein bei jenen entsteht ein Keim, der ohne Ruhezeit alsbald auf dem Prothallium zur Lebendiggeburt gelangt und sich diesem dabei so innig anheftet, dass er vor Erkennung des Befruchtungsvorgangs als Knospe des Prothalliums geschätzt wurde, wie die Stammanlage des Moospflänzchens eine Knospe des Protonemas ist. Dagegen wird aus der Eizelle der Moose nach der Befruchtung eine ganze Sporenfrucht, welche ebenfalls ihre Anlage-Individualität dem Anscheine nach durch innige Verbindung ihrer Basis mit dem Mutterstock, dem sie knospenartig aufsitzt, fast verliert. Diesen Gebilden würde man in vorgerücktem Zustand also leicht einen entgegengesetzten morphologischen Werth beilegen. Endlich aber machen allerlei neue gärtnerische Beobachtungen an verschiedenen Phanerogamen sogar wahrscheinlich, dass durch ganz gröbliche mechanische Einfügung Knospentheile verschiedener Individuen zusammengebracht, oder ein Theil des einen dem Körper des andern so eingeimpft werden können, dass eine Vereinigung von Zellen aus beiden Betheiligten Statt findet und zur gemeinsamen Herstellung eines Neuwesens führt, welches die Eigenschaften beider Theilnehmer vereinigt.

So hätten wir also Copulation von Sprosstheilen neben dem Coitus wirklicher Geschlechtszellen, wir haben Fortpflanzungs-Eizellen (Keimzellen) mit und ohne Befruchtung durch eine männliche Zelle, wir haben Befruchtungen sprossähnlicher Zellgenossenschaften statt einer solchen von Eizellen. Wir haben sprossähnliche Keime und keimähnliche Sprosse. Wir sehen mithin vom morphologischen Gesichtspunkt aus alle festen Schranken fallen. Die Form bedingt die Nothwendigkeit oder Entbehrlichkeit der Befruchtung nicht und ist kein Symptom derselben. Findet sich also eine Fortpflanzung entweder durch Knospen oder durch freie Keimzellen, und jedes von beiden entweder mit oder ohne sexuelle Befruchtung, so findet keine genaue Deckung beider Gegensatzpaare Statt, vielmehr kreuzen sie sich zum Theil, d. h. jeder der beiden morphologischen Fälle kann mit jeder der beiden biologischen Verfahrungsweisen verbunden auftreten. Die Mehrzahl der Sprosse und Knospen freilich werden ohne Befruchtung zu neuen Individuen, die Mehrzahl der freien Fortpflanzungszellen unter Anwendung derselben.

So liegt auf Seite der rein morphologischen Betrachtung kein Grund mehr vor, die Parthenogenesis auch in Ausnahmefällen für unmöglich zu halten. Vielmehr muss der sich auf diese Seite stützende Widerspruch dem Gewicht vorstehender Thatsachen ohne Weiteres unterliegen. Was nunmehr den rein biologischen Werth der Befruchtung betrifft, so wird seine Erörterung zu noch entschiedenerem Ergebniss führen.

Dem unbefangen herantretenden Beobachter der Vervielfältigungsvorgänge der organischen Wesen muss sich zunächst immer die Frage aufdrängen, warum denn Angesichts so ausnehmend vieler Methoden durch rein vegetative Sprossung oder Theilung sich vollziehender Vermehrungen die so seltsame Einrichtung der geschlechtlichen Zeugung nicht nur überhaupt aufgekommen, sondern sogar so überaus weit verbreitet worden sei. Die Verhüllung der Gründe hierzu lässt denn zunächst die Hypothese eines tiefen, geheimnissvollen Wesens, einer gewissen räthselhaften, ganz absonderlichen Wirksamkeit der Sexualzeugung und somit eines tief einschneidenden Unterschiedes zwischen ihr und der Knospenvermehrung annehmen. Man kommt zu der Annahme, dass nach irgend einer räthselhaften Nothwendigkeit die ganzen Pflanzenindividuen oder aber ihre Glieder gewisse einander entgegengesetzte und ausschliessende Qualitäten, die männlichen und weiblichen, unter sich theilen und nun auf keinerlei Weise ein ordentliches Junges wieder zur Welt bringen können, es sei denn, sie brächten erst die getrennten entgegengesetzten Qualitäten wieder zusammen. Eine Differenz zwischen einem männlichen und weiblichen Urprincip scheint alles Organische in zwei einander ausschliessende Gegensätze zu scheiden, welche bald getrennt, bald wieder vereint, erst den individuellen Trieben allein dienen, dann wieder zu Neubildungen zusammentreten müssen. — Vielleicht, dass sich dieser mystische Schleier dennoch an irgend einem Zipfel schon jetzt etwas lüften lässt.

Man rechnet nun, dem systematischen Herkommen nach, alle Individuen, welche entweder factisch von einem und demselben Ahnen abgestammt sind, oder einander so ähnlich sind, dass sie der Erfahrung gemäss hätten von einander oder von gemeinschaftlichen Voreltern abstammen können, zu einer sogenannten organischen Art oder Species. Vergleicht man nun die zu einem Artenverband gehörigen Einzelwesen, so zeigen sie ausser allgemeinen Artähnlichkeiten mehr oder weniger individuelle Verschiedenheiten. Völlige Gleichheit findet sich kaum jemals auch nur unter je zweien. Bald grössere, bald kleinere Differenzen bilden sich aus, kein einzelnes Wesen besitzt die Ausbildung aller in seiner Art möglichen Formen und Fähigkeitseinzelheiten für sich allein. In den meisten Fällen ist dies nicht einmal möglich. Je zahlreicher die äusseren Umstände sind, unter denen die Mitglieder einer Artgenossenschaft ihr Leben führen müssen, desto mannigfaltiger gestalten sie ihren Arttypus aus. Mithin haben die Kulturorganismen, deren Lebensschicksale am allermannigfaltigsten sind, auch die wandelbarsten Formen, und das wandelbarste Wesen von Allen ist der Mensch. Dasselbe Individuum kann nicht zugleich den schlanken und den corpulenten, den kraus- und schlichthaarigen, den braunen und den blonden Typus u. s. w. ausprägen. Dasselbe eignet sich seinen körperlichen und geistigen Besonderheiten nach nicht ebenso wohl z. B. zum gliedergewandten Gladiator oder Kunstreiter, wie zum Stubengelehrten oder sesshaften Handwerker oder fleissig ausdauernden Landbebauer. Nicht dasselbe Pferde-Individuum lässt sich zum Streitross und zum Karrenpferd ausbilden. Der Schäferhund bedarf andrer persönlicher Eigenschaften, als der Dachshund. So geht es durch alle Arten der Thier- und Pflanzenwelt mehr oder weniger auffallend hindurch. Aber nicht allein ist die gesammte Summe der Formen, die an den einzelnen Theilen der einzelnen Wesen innerhalb jeder Artgesellschaft vorkommen, meist so gross, dass sie nicht alle nebeneinander an einem Individuum Platz zur Ausbildung finden, sondern sie widersprechen oft sogar einander direct. Letzteres ist nicht selten in hohem Maasse bei Blüthen und Früchten der Kulturpflanzen der Fall, deren Farben- und Geschmacks-Verschiedenheiten, einander völlig entgegengesetzt, ein gleichzeitiges Vorkommen auf demselben Individuum ganz ausschliessen können. So bringt von der gesammten Qualitätensumme, die einem Artkreis als gemeinsames Eigenthum gehört, jedes Einzelwesen also nur einen Bruchtheil in sich zum Ausdruck, sehr viele Individuen gehören oft dazu, um alle möglichen auszuprägen, und der Bruchtheil jedes Einzelnen wird in Bezug auf die ganze Summe der Speciesqualitäten um so kleiner, je grösser diese ist, d. h. je reicher die gesammte Auswahl von Formen und Fähigkeiten ist, die der ganzen Artgenossenschaft zu Gebote stehen. Es ist nun eine wahrscheinlich seit Jahrtausenden allen Pflanzenbauern bekannte Thatsache, dass die aus individueller Theilung, Sprossung und Knospung hervorgegangenen neuen Einzelwesen den Mutterstock in allen seinen individuellen und persönlichen Zügen viel genauer nachbilden, als dies die aus Samen, also aus einem Act geschlechtlicher Befruchtung her erzeugten zu thun pflegen. Die absonderlichsten Formen einzelner Theile, die Farben und Malereien von Blättern, Blüthen und Früchten, die Gerüche jener und selbst die Säftezusammensetzung dieser wird von »Sprösslingen« im engeren Sinne des Wortes, also Knospungen der Mutterpflanze, oft viele solcher Spross-Generationen hindurch auf das Treuste wiederholt. Durch diese Eigenschaft allein lassen sich die Tausende von Spielarten und die aber

Tausende von persönlichen Differenzen von Frucht- und Ziergewächsen in immer wieder neuen Exemplaren mit einer gewissen Sicherheit reproduciren.

Das Gegentheil thun erfahrungsgemäss die Sämlinge. Sie besitzen in der Mehrzahl der Fälle, und vorzugsweise bei holzigen oder doch ausdauernden Gewächsen, dem Anscheine nach die Freiheit, ihre Qualitäten aus dem gesammten der Art eigenen Formenschatz beliebig zu wählen und gewissermassen neu zusammenzustellen. Sie sind also von der Persönlichkeit der Eltern nur mittelbare und unvollkommene Nachbilder. Sie greifen nach verschiedenen Gebieten des Artformenkreises umher zur Zusammenstellung der eigenen Individualität aus ihren einzelnen Bestandtheilen. Nur zum Theil sind sie dem väterlichen oder mütterlichen Stock oder Spross in einzelnen Zügen ähnlich, nicht mit Nothwendigkeit. Die jeweiligen Generationen können also immer wieder in der Gesammtheit ihrer Einzelwesen die Totalität der Speciesqualitäten zur Darstellung bringen, ohne dass diese eben im Einzelnen denen der vorhergehenden Generationen congruent zu sein brauchen. Vielmehr werden, so zu sagen, die Karten bei jedem neuen Zeugungsact neu gemischt und immer neue Combinationen spielen hin und her durch das Formengebiet der Art. Und so bedient sich der Pflanzenzüchter der Samenpflanzen, um Neuwesen zu gewinnen, die von den Elternformen abweichen, ungefähr mit derselben Sicherheit, als er der Sprossvermehrung sich zur Wahrung der individuellen Sonderformen bedient. Er sagt dann kurz, durch Samen werde die Art im Ganzen, durch Brutknospen u. dgl. nur das Individuum fortgepflanzt.

Es beruht indessen keine dieser Erscheinungen auf Zwangsgesetzen, vielmehr erleiden sie Ausnahmen. Auch die aus Sprossvermehrung hervorgegangenen Arten können gelegentlich einmal ausschreiten und den Mutterformen untreu werden. Besonders thun sie dies gern, wenn diese sehr extremen, das mittlere Maass des Speciestypus überschreitenden Formen angehört haben. Nicht selten wenden sie sich dann, — man kann sagen, mit einer gewissen ostensibeln Neigung, — dem mittleren Typus wieder mehr zu. Freilich kann auch das Gegentheil vorkommen und sich einzelne Ausschreitungen durch solche Sprossungen noch mehr hervorthun. Jenes aber ist weit häufiger. Andrerseits besitzen nicht die Samen aller Arten die oben von ihnen gerühmte Freiheit in der Gestaltsamkeit. Vielmehr giebt es nicht wenige Arten von Pflanzen, deren Sämlinge sich mit Vorliebe die Eltern zu treuer Nachahmung aller Qualitäten, innerer wie äusserer, zum Muster nehmen. Und zwar finden sich solche vorzugsweise unter denjenigen Arten, die nur einen einzigen Sommer vegetiren. Manche Gartenblumen, Astern, Levkoien, manche Getreidearten, Weizen, Roggen, Gerste, Reis, Mais lassen sich sortenweis Jahr für Jahr mit ziemlicher Zuverlässigkeit aus Samen wieder gewinnen. Allein die Zuverlässigkeit ist doch eben nur eine ziemliche und keine ganze. Die Mehrzahl copirt zwar die Elterneigenschaften, die Minderzahl aber weicht doch von ihnen ab, und Garten- und Ackerbauer sind genöthigt, die Samen dabei nach gewissen Erfahrungen auszulesen, wollen sie ihren Zweck der Erhaltung bestimmter Eigenschaften erreichen. Alles zusammengenommen, bleibt also der Satz im Grossen und Ganzen richtig, dass die aus Samen mittelst beidelterlicher Zuthat erzeugten Pflanzen-Individuen ihre Persönlichkeit durch freies Hineingreifen in das Qualitätenbesitzthum der Species als wirkliche Neuwesen innerhalb des Artgebietes constituiren, während die Knospenbrut sich möglichst genau an die Nachbildung der mütterlichen Persönlichkeit hält.

Erwäge man nun Angesichts dieser Thatsachenreihe Folgendes: Die gesammte Ausgestaltungsthätigkeit sowohl der organischen Reiche im Ganzen, als auch der einzelnen Wesen in ihnen ist ein stetiger Sonderungsvorgang. Die Thätigkeit des Ganzen differenzirt sich, und entsprechend gliedert und zerlegt sich die Körpergestalt desselben in immer zahlreichere, feinere, genauer ihren Geschäften angepasste Theile. Immer neue Geräthe werden für immer neue Sonderzweige der Lebensarbeit in Dienst gestellt. Immer sorgfältiger sind sie bis aufs Einzelne für die kleinsten Züge desselben geeignet gemacht.

Alle diese Theile sind anfänglich aus den gleichwerthigen Urzellen des Keim- und Knospengewebes entstanden. Also haben diese Urzellen von vorn herein die Befähigung, die verschiedensten Gewebe und Gewebesysteme aus sich zu erzeugen. Und es giebt Gründe, — deren ganze Darlegung hier zu weit führen würde, — aus denen man anzunehmen hat, dass diese Allgestaltsamkeit fast für alle Pflanzenzellen in gewissem Maasse ein unveräusserliches Erbtheil bleibt. Denn nicht selten sieht man, — um nur dies Eine beispielsweise anzuführen, — bei Reproductionen, dass Gewebe, die längst zu dauernden Formen gelangt sind, neueren Bedürfnissen nachgebend, sich wieder zu ganz neuen Bildungen anschicken und diese ausführen. So z. B. vermögen sehr verschiedene Zellgewebsformen, sobald es sich nöthig macht, Korkzellen in sich zu erzeugen. Vielerlei Parenchym-Gewebe vermögen, nachdem sie lange ganz speciellen Verrichtungen ausschliesslich obgelegen haben, unter besonderen Umständen noch nachträglich zu sehr verschiedenen Formen auszuwachsen, um sich diesen anzupassen. Diese wie jene Erscheinungen sind bei Verwundungen sehr allgemein.

Allein die Ausübung dieser Fähigkeit wird von der Mehrzahl der Zellen nicht in Anspruch genommen. Die meisten üben ihrer ganzen Dauer nach die im vollkommensten Organismus sich immer mehr beschränkende Verrichtung im Dienste des Ganzen aus. Die Gewerke und Berufszweige in der höher entwickelten und vollkommner gegliederten menschlichen Gesellschaft beschränken den Einzelnen immer mehr in seinem Thun, machen ihn zwar zu diesem immer geschickter, lassen durch harmonisches Zusammenpassen aller der vielen Arbeiten aller einzelnen Arbeiter eine immer vollkommnere Gesammtleistung zu Stande kommen, machen aber im Gegensatz auch den Einzelnen zu jedem andern, als dem ihm zugefallenen Thätigkeitszweig immer ungeschickter. Proportional der zunehmenden Vorzüglichkeit in der allseitig sorgfältigen Gesammtleistung steigert sich die Einseitigkeit und Beschränktheit der Befähigung und Leistung der einzelnen Arbeiter. Dasselbe trifft die Organismen und ihre Theile. Die ursprüngliche Allgestaltsamkeit der Zellindividuen, deren grosse staatliche Genossenschaft den vollkommneren Pflanzenleib zusammensetzt, verliert sich in demjenigen Verhältniss, in welchem ihr Arbeitspensum sich beschränkt. Die Gewohnheit, von allen den vielen Thätigkeiten, welche auszuüben die Einzelzellen befähigt waren, immer nur eine noch zu verrichten, lässt sie, möchte man fast sagen, vergessen, dass sie die andern auch verstehen. Wie dem Zellgewebe und den Einzelzellen, so geht es den ganzen Sprossgliedern und überhaupt grösseren organischen Theilen des Pflanzenstockes. Wenn freilich bei Reproductions-Vorgängen an allerlei Orten dasselbe, an Stengeln, Wurzeln, Blättern u. s. w. allerlei Neubildungen entgegengesetzter Art hervorgerufen werden können, so sind doch die Luftsprosse für gewöhnlich anderen Gestaltungen zugewendet, als die Wurzeln, die Blüthentheile anderen, als die Ernährungsorgane u. s. w. Man darf also sagen: Die fortschreitende Differenzirung des Gesammtleibes eines Organismus bedingt die fortschreitende Verarmung seiner Einzeltheile an Formen sowohl als an virtuellen Qualitäten.

Wie nun die Theile eines organischen Individuums, so thun es ähnlich die Einzelwesen einer Art, die Arten einer Gattung, die Gattungen oder Sippen eines Sippenstammes. Die Individuen jeder dieser Genossenschaften erweisen sich hierin als Zweige einer Individualität höherer Ordnung. Sie theilen unter einander die Arbeitsaufgabe ihres Stammes im Haushalte der Natur, die einen bewirthschaften diesen, die andern jenen Standort, und in gleichem Maasse specificiren sie ihre Thätigkeit und beschränken den Kreis ihrer Formen und Fähigkeiten eben durch die besondere Anpassung an den ihnen zufallenden Theil der Gesammtleistung.

Der eigenthümliche Trieb zu Abwandlungen also, welcher den Formenkreis einer Art so sehr erweitert, dass kein Einzelwesen denselben ganz ausprägen kann, erscheint durch die vorstehende Erwägung nunmehr auch besser beleuchtet. Das Bedürfniss complicirt das Formen-Gemisch und steigert die Besonderheiten der Mitglieder der Genossenschaft einer Art oder Sippschaft höheren Ranges zu noch grösseren Differenzen. Je mehr sich nun aber das Besitzthum des Einzelwesens an Qualitäten aller Art beschränkt, je mehr in noch bedeutenderem Grade die Einzeltheile des Einzelwesens an Fähigkeiten verarmen, desto bedeutsamer wird nun die Frage der Fortpflanzung für das Fortbestehen der organischen Arten. Die Art, wie die dazu nöthigen Einrichtungen getroffen werden, gewinnt nunmehr eine augenfällige Wichtigkeit.

Laubsprosse erzeugen oft in langer Generations-Folge nur wieder Laubsprosse, Wurzeln wieder Wurzeln. Verästelt sich ein Blüthenstand, so ist er alsbald bestrebt, die Zweige mit neuen Blüthen zu bedecken. Wächst die Axe einer Einzelblüthe abnormer Weise durch, so geht sie doch schnell wieder zum Ausbau einer neuen Blüthe über. Jedes fährt zunächst und am Liebsten in gewohnter Thätigkeit fort. Aus demselben Grunde müssen also die Vermehrungssprosse, Laubknospen und Veredlungsreiser von allerlei Zier- und Nutzgewächsen zunächst darauf gerichtet sein, wie oben gesagt, das Gleiche wieder zu bilden. Aber nicht allein das ganze mütterliche Individuum findet in den Nachkommen seine gleichsam typographische Vervielfältigung, sondern die Lauborgane sind sogar geneigt, der Natur desjenigen besonderen Theiles des Mutterstockes in ihrer Weitergestaltung treu zu bleiben, dem sie selbst entstammt sind. Steckreiser, aus den blühenden Sprossregionen der Mutterpflanze genommen, geben schnell wieder ähnliche blühende Stöcke, solche aus den Laub- oder Stammregionen gewählte treiben zunächst wiederum mehr vegetative Theile. Hiervon sei nur unser Epheu als charakteristisches Beispiel genannt, dessen mit sehr abweichender Belaubung versehene Blüthen tragende Zweige, zu Steckreisern gewählt, sofort wieder blühbare Tochterpflanzen liefern. Mithin erhellt hiernach noch mehr, dass alle rein mütterlich individuelle Fortpflanzung zu immer beschränkteren, immer mehr in ihrer Mitgift verarmenden Individualitäten führen muss, welche je länger, desto mehr von der Gesammtgestaltsamkeit der Mutterpflanze einbüssen, einen immer kleineren Antheil der Artqualitäten noch bewahren und ausprägen. Und damit ist nun der Schlüssel zur Erkundung des bedeutenden Werthes der doppelelterlichen Zeugung gefunden. Denn wenn die fortschreitende Zertheilung der Glieder und ihres Qualitätenbesitzthums der Grund zur Verarmung der Nachkommenschaft ist, so wird eben die Wiedervereinigung von Stoffen und Kräften das Mittel sein, das diesem Uebel abzuhelfen im Stande ist.

Wir müssen nun annehmen, dass der Protoplasma-Leib der Zelle nicht allein der räumliche Inhaber ihres stofflichen Besitzthums ist, sondern auch der alleinige Sitz ihrer virtuellen Fähigkeiten, dass er also die sämmtlichen Quellen ihrer treibenden und bildenden Kräfte in sich birgt. Sind nun die einzelnen Protoplasma-Individuen zu arm, so werden je zwei vereinigte zunächst wenigstens eine quantitative Vermögensvergrösserung respräsentiren und zahlreichere Vereinigungen werden das Besitzthum ihrer Erzeugnisse immer mehr bessern, selbst wenn die Contribuenten einander an Qualitäten sonst gleich wären. Je näher aber der Ursprungsort, je ähnlicher die Entstehung solcher zu copulirenden Individuen ist, desto ähnlicher werden sie einander an materiellen und virtuellen Qualitäten sein, in je weiterer Entfernung von einander sie entstanden, je verschiedener sie selbst sowohl, wie ihre Elterngebilde an Form und Entwicklung sind, für desto verschiedener in ihrem ganzen Wesen dürfen auch sie selbst gelten in Bezug auf alle ihre Eigenschaften. Das Zusammenführen je zweier oder mehrerer Einzelzellen durch den sogenannten Zeugungsact ist mithin eine Nützlichkeitseinrichtung, durch welche der sonst fortschreitenden Verarmung der neuen Generationen entgegengearbeitet wird.

Demgemäss erblickt man das ganze Pflanzenreich hindurch eine lange Vervollkommnungsreihe für diese Einrichtung. Zunächst gleichgeboren und gleichgestaltet, erscheinen die Zeugungscontribuenten immer verschiedener an Ursprung und Typus, und auch immer verschiedener an Ursprung, sowohl in Bezug auf dessen Ort, als auf dessen Form und Qualität. Die sich paarenden Mikrosporen mancher Süsswasser-Algen, ebenso die Zygosporen mancher *Conjugaten*, *Volvocinen* und Pilze, sind theils an Grösse, Geburtsort und Benehmen einander völlig gleich, theils bahnen sich schon bei ihnen Verschiedenheiten darin an. Dann nehmen schon im Algengebiet die Differenzen des Ursprungsortes (»Dichotopie«) und die Formgegensätze zwischen den Zeugungs-Contribuenten unter sich und zwischen ihren Muttersprossen oder selbst Mutter-Individuen (»Dichotypie«) bis zu hohem Grade zu. Von den einfachsten Pflanzen an bis hinauf zu den vornehmsten Organismen werden die Einrichtungen immer feiner und complicirter, durch welche nach möglichst verschiedener Natur der männlichen und weiblichen Zuthat zur Keimbildung gestrebt, dieselbe immer sicherer gewährleistet wird. Und nicht allein durch Anlage der männlichen und weiblichen Organe an verschiedenen Stöcken oder doch an verschiedenen Orten derselben Pflanze und durch Begabung mit verschiedenen Kräften, Form- und Stoffeigenheiten wird der Reichthum in der Begabung eines zu zeugenden Neuwesens vergrössert, sondern es wird dazu noch eine Sicherheitsmassregel weiter getroffen. Es wird vorgesehen, dass, mögen auch der Bequemlichkeit halber beiderlei Geschlechtswerkzeuge in einer und derselben Blüthe beisammen stehen, diese den Coitus mit einander nicht ausüben können. Meist erreichen sie nicht gleichzeitig die Pubertät, bald sind noch viel künstlichere Gestaltungsvorrichtungen getroffen, um jede Selbstbefruchtung der Einzelblüthe, womöglich des Einzelstockes, zu verhindern und dafür die sogenannte Fremdbefruchtung, d. h. die Bestäubung der Narbe einer Blüthe durch das Pollen einer möglichst wenig mit ihr blutsverwandten anderen zu erzwingen. Nichts kann mehr, als diese Erscheinung, zu erweisen geeignet sein, wie hoher Werth für den Zeugungsact darauf gelegt wird, dass der Zeugling sein Lebensanlagecapital aus möglichst verschiedenen Hülfsquellen beziehe, und möglichst Mannigfaltiges wieder harmonisch in sich verschmelze.

Allein wie sehr nun auch immer auf den höchsten Stufen des Pflanzenreiches das Zusammentreten eines ausgeprägt männlichen und eines desgleichen weiblichen Zeugungstheilnehmers zur immer festeren Sitte wird, so wird es doch eben nicht zum Gesetz, das aus irgend einer Nothwendigkeit folgte. Wie in manchen Fällen statt zwei auch drei und noch mehr Protoplasma-Individuen zu einem Neuwesen zusammentreten können (*Fucus*, *Vaucheria* etc.), so erweisen die Uebergänge aus den Zygosporen zu den einzeln keimenden Schwärmsporen, wie schon oben erwiesen, dass die Nothwendigkeit für das Zusammenthun eben überhaupt fehlt. So ausserordentlich das Mittel der Fremdbefruchtung zur Mischung der Artqualitäten für Neubegründung von Individuen ist, so ist es immerhin nur ein Mittel, das angewendet werden kann, aber nicht muss. Wir dürfen annehmen, dass es im Plane der Fortbildung der Organismen liegt, dass diese ihre Arttypen möglichst lange erhalten, in gleich reichem Formenkreis, mit gleichem Kräftecapital und gleicher Entwicklungsenergie. Die immer neue Mischung der Qualitäten, die schon oben der immer neuen Mischung eines Kartenspiels verglichen worden ist, die grösste Wahrscheinlichkeit immer neuer und möglichst vieler Combinationen von Befähigungen hindert ihr Auslaufen in immer schmalere und dürftigere Einzelerbtheile, deren Endergebniss das Verkommen ist. Allein ein Zwang, so zu verfahren, herrscht für die Pflanze nicht, sie kann sich auf blosse individuelle Zeugung beschränken und wird es mithin als Nothbehelf um so leichter thun, wenn ihr einmal das Geschlechtsleben versagt bleibt.

Schon dieser Anschauung gegenüber müsste zugleich die Veranlassung fallen, die Sexualität, wie oben gesagt, als geheimnissvolles Naturgesetz anzusehen, und in der Befruchtung die Wiedervereinigung gewisser unbekannter, auseinander getretener männlicher und weiblicher Triebkräfte zu erblicken. Es sei aber doch auf diese grade noch von andrer Seite her ein Blick geworfen.

Zunächst ist man, wenn man eine innere ausschliessliche Gegensätzlichkeit zwischen männlichen und weiblichen Qualitäten zum Fundament der Sexualitäts-Erscheinungen machen will, zu einem sehr unbequemen Unterbau von Hülfshypothesen gezwungen. Denn wo beginnt diese Sonderung und wie weit greift sie? Einige Pflanzen sind nach ganzen Stöcken, andere nach Sprossen, andere nach Blüthen, endlich andere nur nach Phyllomen geschlechtlich differenzirt. Giebt es so viele Stufen des Separationszwanges, der dann auch ebenso viele Stufen der obligatorischen Copulation bedingt? Wie gelingt es dann aber den Pflanzen oder den Pflanzentheilen, die, ob sie gleich weiblich oder männlich sind, doch das entgegengesetzte Geschlecht gelegentlich einmal zur Selbsthülfe mit ausprägen, dies Gesetz zu übertreten? Also können sie es doch befolgen und unbefolgt lassen, wie es eben passt? Sie können doch die von sich abgesonderten männlichen Besonderheiten, wenn sie weiblich sind, zeitweis wieder annehmen oder hervorsuchen und wirksam machen; aber wodurch und woher? Wenn dies aber eben in solchen Fällen angeht, wo ist dann die Grenze dieser Gesetzes-Uebertretungen? Wenn an weiblichen Stöcken, Sprossen, Blüthen ganz neue männliche Theile geformt werden, und dadurch die wunderbar getrennten Sexual-Principien sich mittels neuer Wunder partiell wieder vervollständigen, warum sollte dann nicht ebenso gut dies im Keimsack selber geschehen können, und damit wenigstens viel unnütze plastische Arbeit gespart werden? Wenn ein weiblicher Spross die in ihm doch im verborgenen Besitz verheimlicht gehaltenen männlichen Qualitäten durch den gewaltig weiten Umweg der Ausbildung von männlichen Blüthensprossen, an die er nicht gewöhnt ist, zu seiner Eianlage heranzuschaffen vermag, warum soll er sie dann nicht ebenso gut direct in den nun einmal gewohnheitsgemäss angelegten Keimsack, in dem die Eizelle zu entstehen hat, schaffen und ohne Weiteres mit dieser vereinigen können? Es ist jenes Eine nach dieser Anschauung nicht weniger gesetzwidrig, als dieses Andre.

Indess giebt es neben dieser an sich schon ausreichenden Betrachtung der erwähnten Thatsachen deren noch beweiskräftigere, die ohne Weiteres vor Augen legen, dass selbst bei grösstem Contrast zwischen Mann und Weib die beiderlei Qualitäten keineswegs völlig von einander getrennt sind. Wo könnten wir schärfer ausgeprägte Gegensätze in den Physiognomien beider Geschlechter finden, als bei den hohen Rückgratthieren, speciell z. B. bei den Hühnervögeln, den Wiederkäuern, endlich dem Menschen? Und doch werden die männlichen Exemplare dieser Arten, wenn sie ihrer wesentlich männlichen Organe beraubt, also zur Ausübung ihrer Sonderfunctionen untauglich werden, zu sonderbaren Missgestalten, welche physisch und psychisch ein Gemisch weiblicher und männlicher Eigenschaften zeigen. Wer möchte im Kapaun, im entmannten Stier, im Eunuchen die typisch weiblichen Eigenthümlichkeiten verkennen? Und doch müsste man, wenn irgendwo eine wirklich scharfe Sonderung männlicher und weiblicher Qualitäten vorkommen soll, dieselbe vor allen in diesen Fällen vermuthen. Grade hier giebt aber die Natur die Ausgestaltung der Sonderformen auf, wenn der Sonderzweck derselben doch unerreichbar wird und kehrt in den Bildungsweg mittlerer Richtung zurück. Wo aber bekämen denn nach der Castration die entsprechenden Individuen die ihnen principiell versagten entgegengesetzten Eigenschaften wieder her, wenn sie ihnen wirklich versagt gewesen wären? Innerhalb des Körpers männlicher Individualität entwickeln sich weibliche Eigenschaften, die das entmannte Individuum zu einer Art neutraler Mittelform zwischen Mann und Weib umgestalten, selbst noch in vorgerücktem Alter. Ja, sogar ein weibliches Kalb wird[1]), wenn es nicht früh genug der Gemeinschaft mit dem Stier theilhaftig wird, zu einem hochbeinigen Rind, das an Gestalt sich vom reinen Typus der Kuh entfernt und dem des Ochsen ähnlich wird. Nehmen wir hierzu das Vorkommen von mehr oder minder vollständigen Zwitterbildungen an Individuen der vollkommensten Thierarten, selbst an Menschen, so geht dann aus der Summe dieser Erscheinungen unwiderleglich hervor, dass jedes Individuum die Fähigkeit zur Ausgestaltung beider Geschlechtsformen besitzt, der Regel nach aber sich nur nach einer Richtung bildet und diese um so schärfer in seiner Sondergestalt ausprägt, als der Charakter der Männlichkeit und Weiblichkeit die der Art eigenen Qualitäten scharf unter sich theilen.

Erwäge man hierzu nun endlich, wie gering die plastische Mehrleistung der Pflanze ist, die sie darauf wenden muss, um im Keimsack ohne männliches Zuthun allein für sich einen Keim zu Stande zu bringen im Verhältniss mit der gewaltigen Umgestaltungsarbeit, deren es bedarf, um z. B. die Physiognomie des Stieres zu der des kuhähnlichen Rindes umzuformen. Und erwäge man alsdann noch, wie gering das Gewicht ist, welches trotz aller scheinbaren Gegen-

---

1) Nach mündlichem Bericht eines erfahrenen Landwirthes.

sätzlichkeit der geschlechtlichen Differenzen die Pflanze auf rein örtliche Trennung der männlichen und weiblichen Organe legt, die doch leicht genug zu erreichen wäre. In der Mehrzahl der Phanerogamen stehen vielmehr Staubgefässe und Stempel in einer Blüthe. Käme es also bei der Zeugung nur auf Vereinigung männlicher und weiblicher Triebfactoren an, warum befruchten sich dann nicht die Theile einer Blüthe unter einander, die doch so bequem und so häufig zusammengestellt sind? Warum legt die Pflanze, statt auf strenge Sonderung der Geschlechter, vielmehr darauf so hohen Werth, dass die zum Zusammentritt bestimmten plastischen Zuthaten nicht aus demselben, sondern aus verschiedenen Individuen stammen? Nicht also auf die möglichst scharfe Differenzirung gewisser zusammen zu bringender Geschlechts-Principien, sondern nur auf möglichste Verschiedenheit der zusammenkommenden vitalen Qualitäten überhaupt muss es also ankommen.

Giebt man aber endlich sogar zu, dass im Samenkerngewebe, also an einem durchaus unangemessenen Orte, eine offne Sprossknospe entstehen und zu einem Neuwesen ausgebildet werden könnte, obgleich doch hier nur weibliche Zeugungsqualitäten vorhanden gedacht werden müssten, so muthet man der Pflanze statt einer zwei Wunderlichkeiten zu: Eine Knospe tief im innersten Mutterschooss und eine neue lebensfähige Ganzheit, die doch nur aus der weiblichen Hälfte der nothwendigen Zuthaten geformt wird.

Und so treffen denn alle diese Betrachtungen zu dem einen Gesammtzeugniss dafür zusammen, dass die Annahme unerklärbarer Geschlechtsdifferenzen von obligatorisch gesetzmässigem Zusammenwirken nicht nur nicht ausreichend begründet, sondern ganz und gar nicht haltbar ist, mithin die Parthenogenesis nicht hindern kann.

Die Geschlechtsdifferenz reducirt oder besser erweitert sich somit auf eine Differenz individueller Qualitäten aller Art, nicht bloss einzelner verborgener und räthselhafter. Der durchgreifende Gegensatz im Typus der männlichen und weiblichen Contribuenten braucht also keinen principiellen Gegensatz zu bergen, sondern nur eben die bequemste, den Umständen und Bedürfnissen am Besten angepasste Gebrauchsform, in die diese Geräthe gegossen sind, vorzustellen, wie oben dargelegt ist. Es erklärt sich die auffallend grosse Verschiedenheit an Form, Grösse und Benehmen der männlichen und weiblichen Zeugungscontribuenten genügend aus den Beiden zufallenden, verschiedenen Rollen im Zeugungsdrama. Das Bewegliche muss durchaus anders sein, als das ruhend Empfangende, eben weil es sich bewegen soll. Wie wenig grade aus diesem Formenunterschiede ein Gegensatz einander ausschliessender, unbekannter Principien gefolgert werden darf, war ja aus dem ganz allmähligen Uebergang isotyper und und dichotyper Zeugungskörper bei den Conjugaten, bei denen sogar völlig isolirt bleibende Einzelzellen zu Sporen werden können, genugsam bewiesen. Selbst in der Thierwelt wird ja, wie eingangs erwähnt, die sexuelle Zeugung erst auf den höchsten Stufen zur ausnahmslos beobachteten Regel. Und zwar sind die obersten Stufen beider Reiche in deren Befolgung nur deshalb gewissenhafter, weil die grössere biologische Differenz zwischen Mann und Weib hier auch eine grössere morphologische nöthig macht, also eine durchgreifendere Aenderung der Qualität.

Mithin liegt die Sache einfach so, dass freilich zwar die ganze höhere Pflanzenwelt, wie die entsprechende Thierwelt, seit Tausenden von Generationen die Sitte ererbt hat, ihre Eizellanlagen mit einem künstlichen Empfängnissapparat zu umgeben und darauf mit deren Ausbildung zum keimfähigen Ei zu warten, bis eine Spende an Stoff- und Kräftezuthat von andrer Qualität, als die Eizelle sie an sich hat, angekommen ist. Allein als Nothwendigkeit erscheint diese Zugabe nun nicht mehr. Und lässt auch die Gewohnheit in der weitaus überwiegenden Mehrzahl der Fälle die Eianlagen, wenn sie vergeblich warten, lieber umkommen, als zur Selbsthülfe schreiten, so ist dies eben nicht nöthig und folgt aus keinem obligatorischen Naturgesetz. Das abgetrennte Blatt, das Wurzelstückchen, entschliessen sich in der Noth und Verlassenheit in vielen ungünstigen Fällen, in energischem Aufschwung ihrer Gestaltsamkeit eine Stammknospe zu erzeugen, — was doch keine gewohnte Arbeit für dieselben ist, — während dies in sehr viel mehr Fällen unterbleibt. Ganz ebenso gut kann, während das Abwarten des Zeugungsvollzugs und das Misslingen der Eibildung bei dessen Unterbleiben in der Mehrzahl der Fälle gilt, in einer Minderzahl durch eigene Triebkraft im Eierstock allein aus dem immerhin beschränkten Vorrath von stofflichem und dynamischem Besitzthum, wenn die vervollständigende Wirkung ausbleibt, die selbstkräftige Anlage und Ausbildung von Keimen neuer Wesen unternommen werden. Dieses ist durchaus nicht als eine höhere plastische Leistung anzusehen, als jenes. Wenn bei den völlig parthenogenetischen Acten, durch welche die sogenannte Ammenzeugung[1]) der Würmer u. s. w., die Brutsporen der Farne, die Schwärmsporen der Algen u. s. w. zu Stande kommen, das Zusammenfügen verschiedener Zeugungsqualitäten unterlassen wird (nach jener Ansicht also das Auseinandertreten entgegengesetzter Principien unterbleibt), so geschieht dies hierbei von den betreffenden Pflanzen gewohnheitsgemäss nach der bei ihnen herrschenden Wirthschaftsregel. Hier in den Ausnahmefällen geschieht es gegen die Regel, gegen die angeborene Gewohnheit, aber es geschieht auch nichts Anderes und nichts Schlimmeres, mithin nichts plastisch Schwierigeres oder principiell Unerhörtes und Wunderbares. Nichts geschieht vielmehr, als dass die Pflanze im Nothstand sich, so zu sagen, auf die ihr angestammte Befähigung besinnt und nach derselben thatkräftig zurückgreift. Dass nun übrigens ihre parthenogenetischen Zeuglinge, ob sie gleich morphologisch

1) Die in der Zoologie üblich gewordene Anwendung des Begriffs »Amme« als Bezeichnung von Zwischengenerationen, welche, ohne befruchtet zu sein, Eier oder Junge zur Welt bringen, widerspricht dem Sprachgebrauch und dem darauf zu begründenden Inhalt des Begriffs. Eine Amme nennt man nicht eine Person, welche ohne vorhergegangenen Coitus eigene Nachkommenschaft zur Welt bringt, sondern vielmehr eine Pflegerin solcher Kinder, welche eine andre Mutter nach normalem Zeugungsact geboren hat. Diese irrige Bezeichnung verschiebt zugleich die richtige Anschauung von der Parthenogeneität der verkehrt so genannten Ammenzeugung. Owen schon hat den Begriff der Parthenogenesis auf diese dem Generationswechsel zugehörigen Vorgänge ausgedehnt, wie es richtig ist. Es werden indessen auch Ammendienste im Thier- und Pflanzenreiche geleistet. Die kleinen *Silvien* spielen die Ammen der Kuckuksbrut, die Hennen die der Entenküchlein, deren Eier ihnen untergeschoben sind Die Traglaubblätter sind die Ammen der in ihren Achseln stehenden Früchte oder Sprosse, die Nebenblättchen oft die der zugehörigen Laubblätter. Der Wildstamm spielt Ammenrolle für das Edelreis, das ihm aufgesetzt ist, der Klee ist Zwangsamme der ihn beraubenden *Orobanche* u. s. w. Sogar entschieden männliche Ammen werden bei den *Salpen* durch deren Kettengenerationen zu constatiren sein, wenn sich die oben schon (Seite 6) erwähnten Beobachtungen an ihrer Generation bestätigen. Aber jene thierischen Pseudoammen führen diesen Titel gegen ihr gutes Recht. Sie sind die jungfräulichen, aber doch wirklichen Mütter ihrer vaterlosen Nachkommenschaft.

echte Keimlinge sind, doch biologisch den beidelterlich erzeugten Keimen nicht äquivalent sein können, liegt nach Vorstehendem auf der Hand. Sie copiren zunächst die Eigenschaften des Mutterindividuums. So sind alle bisher bei uns aufgewachsenen *Caelebogyne*-Sämlinge, soviel deren erkennbar geworden, weibliche Exemplare. Bei Hanf und Hopfen wird indessen schon weniger streng verfahren, und die vermuthlich jungfräulich erzeugten Keimlinge waren zum Theil Männchen. Im Ganzen ist den parthenogenetischen Neuwesen neben dem morphologischen Werth der Keimlinge nur der biologische von Brutsprossen beizulegen. Dasselbe gilt natürlich von den einzelligen Brut- und Schwärmsporen der Kryptogamen, welche morphologisch, wie oben ausgeführt, Keime, biologisch betrachtet aber auch nur den Brutknospen gleichwerthig sind.

Dies ist denn also die theoretische Ermöglichung der factisch bewiesenen Parthenogenesis. Und wir geben uns der Hoffnung hin, durch den Versuch, den Schleier vom inneren Wesen der Sexualität etwas zu lüften, denen, die sich allzu ängstlich dem vermeintlichen Gesetz unterthan fühlten, eine Erleichterung für die Annahme dieses so unliebsamen Phänomens der bloss jungfräulichen Production verschafft zu haben. Denn die geschlechtliche Zeugung ist eben kein Gesetz, gilt durchaus nicht allgemein, sondern ist nur eine in sehr weitem Kreise mit Vorliebe angewandte und ungern verlassene Zweckmässigkeitsregel. Und hiernach sind wir denn weit entfernt, die Parthenogenesis aus der Wirklichkeit verbannen, oder ihr Ausüben theoretisch verbieten zu dürfen. Vielmehr können alle Tage aller Orten neue und schlimmere Fälle solches Missverhaltens bekannt werden, wie in der That dergleichen schon drohen.

Im September 1876.

Nachschrift.

An die vorstehenden Mittheilungen sollten sich, wie in der Vorbemerkung angedeutet ist, die Besprechungen einiger anderen Pflanzen anreihen, gegen welche der mehr oder weniger begründete Verdacht, die Parthenogenesis zu üben, oder doch ihr ähnliche Erscheinungen blicken zu lassen, vorliegt. Von *Phanerogamen* hatte A. Braun hierfür, einer brieflichen Mittheilung nach, folgende ins Auge gefasst:

Xanthoxylon Bungii	nach Mittheilungen		von	Durieu,
„ *alatum*	„	„	„	Hanbury,
Dodonaea hexandra	„	„	„	Fr. v. Müller,
Aberia Caffra	„	„	„	Anderson,
Carica Papaya	„	„	„	Berthelot,
Ficus	„	„	„	Gasparrini,
Excoecaria marginata	„	„	„	C. Bouché,
Torreya nucifera	„	„	„	C. Bouché,
Cucurbitaceen	„	„	„	Naudin,

Cycas (Ausbildung des Samens und Endosperms ohne Befruchtung nach A. Brauns eigenen und nach fremden Beobachtungen).

Da aber dem Verfasser dieses zur Zeit die Möglichkeit, und selbst, wenn er diese hätte, die Berechtigung mangelte, A. Brauns Gedanken und etwaige Aufzeichnungen hierüber mitzutheilen, so muss dies einstweilen vertagt bleiben. Ebenso müssen es seine neueren Bemerkungen über die schon früher von ihm besonders ins Licht gestellte Parthenogenesis von *Chara crinita* in Rücksicht auf Nordstedts und de Barys Beobachtungen, und endlich die entsprechenden Erörterungen von hierher gehörigen Erscheinungen bei *Thallophyten*, wovon die von Pringsheim nachgewiesene Parthenogenesis bei den *Saprolegnieen* von besonderer Wichtigkeit ist.

Dass neben diesen gewichtigen ganzen und allen den verschiedenen hinzutretenden halben und angedeuteten Beweisen und Belegen für die Parthenogenesis solche Fälle, wie Baillon (Comptes rendus t. 66 p. 856) in Beschreibung eines von F. Müller (bei Bockhampton in Neuholland) gefundenen monöcischen Exemplars unserer *Caelebogyne* ins Feld führt, nichts ausrichten können, liegt ohne weitere Erörterung auf der Hand. Denn eine diöcische Pflanze, deren Triebkraft sogar ausreicht um bis zur Parthenogenesis vorzuschreiten, wird natürlich um so sicherer auch beiderlei Geschlechter einmal in ganzen Blüthen auf einen Stock zusammenstellen können, als dies so viele andere diöcische Pflanzen vermögen. Dass sie dies aber kann, vermag doch nicht zu beweisen, dass sie jenes nicht könne.

Vielleicht, dass die Durchsicht von A. Brauns handschriftlichem Nachlass die Wissenschaft später noch in den Besitz aller der von ihm angedeuteten Besprechungen bringt. Die Hoffnung hierauf wolle verzeihen lassen, wenn Verfasser sich einstweilen aller weiteren etwaigen im Augenblick doch nur fragmentarisch herzustellenden Zusammenstellungen darüber enthält.

Im April 1877.

Erklärung der Abbildungen.

Tafel I.

Die sämmtlichen 19 Keime, welche in 9 von den 17 (18) Früchten gefunden sind, die bis zur anscheinenden Reife cultivirt waren, unter den Nummern, welche dieselben in der Tabelle S. 18 und 19 und in den Beschreibungen S. 17—25 bezeichnen. Es sind:

Fig. 2a 6, 7, 9, 12, 15 Einzelfrüchte. 2a α und β ungefähre Profil- und Flächenansicht des Einzelkeimes aus dem einen Fach von Frucht 2..

Fig. 2, b und c, Zwillinge des anderen Faches dieser Frucht.

Fig. 8, a, b, c Drillinge aus einem Fach; 8 β Ansicht der Zusammenlagerung dieser drei Keime vor ihrer gewaltsamen Trennung.

Fig. 11 und 16 Vierlingsgruppen aus je einem Fach ihrer Früchte; 16 β Gesammtansicht der Keime 16, b, c, d vor ihrer Auseinanderlegung. — Vergrösserung 20.

Tafel 2.

Fig. 1—6: Die sechs aufeinander folgenden Kelchblätter einer Blüthe in ihrer natürlichen Stellungsfolge zur Veranschaulichung ihres Grössen- und Gestaltverhältnisses. Alle sind gleichmässig von der Rückseite dargestellt und lassen die drüsigen Höcker und Randwülste erkennen. Vergrösserung 20.

Fig. 7 und 8. Ansicht einzelner Gruppen der absondernden Zellen, die die Randwülste der inneren Kelchblättchen ausmachen, in Flächen- und Profilansicht. Vergrösserung 1100.

Fig. 9. Profilansicht aus dem Oberflächen-Gewebe des zottigen Kelchblattzipfels mit den Basaltheilen zweier Haare. Vergrösserung ebenso.

Fig. 11 und 16 d. Skizzen der gleich bezeichneten Keime von Tafel 1 zur deutlicheren Darlegung ihrer Lage und Gestalt und zur Andeutung ihrer Zellgewebe. In der Gruppe 11 sind b und b' die Theile eines mittelgrossen Keimes, der sich über den Fuss des grössten schiebt; d ist der kleinste, der hinter diesem erscheint; c liegt für sich abgesondert. Vergrösserung 85.

Tafel 3.

Darstellung eines einzelnen überzähligen Kelchblättchens, und zwar in der Entwicklungsfolge vom ersten normalen Kelchblatt an gezählt, des achten; B in der Grösse der Figuren 1—6 von T. 2; die Hauptfigur zur genaueren Darlegung des Baues in mikroskopisch perspectivischer Skizze bei 180-maliger Vergrösserung ausgeführt.

Universitäts-Buchdruckerei von Carl Georgi in Bonn.

Taf. 1.

19 unbefruchtet entwickelte Keime.

Hanst. gez.

Lith. Inst. v. A. Henry in Bonn.

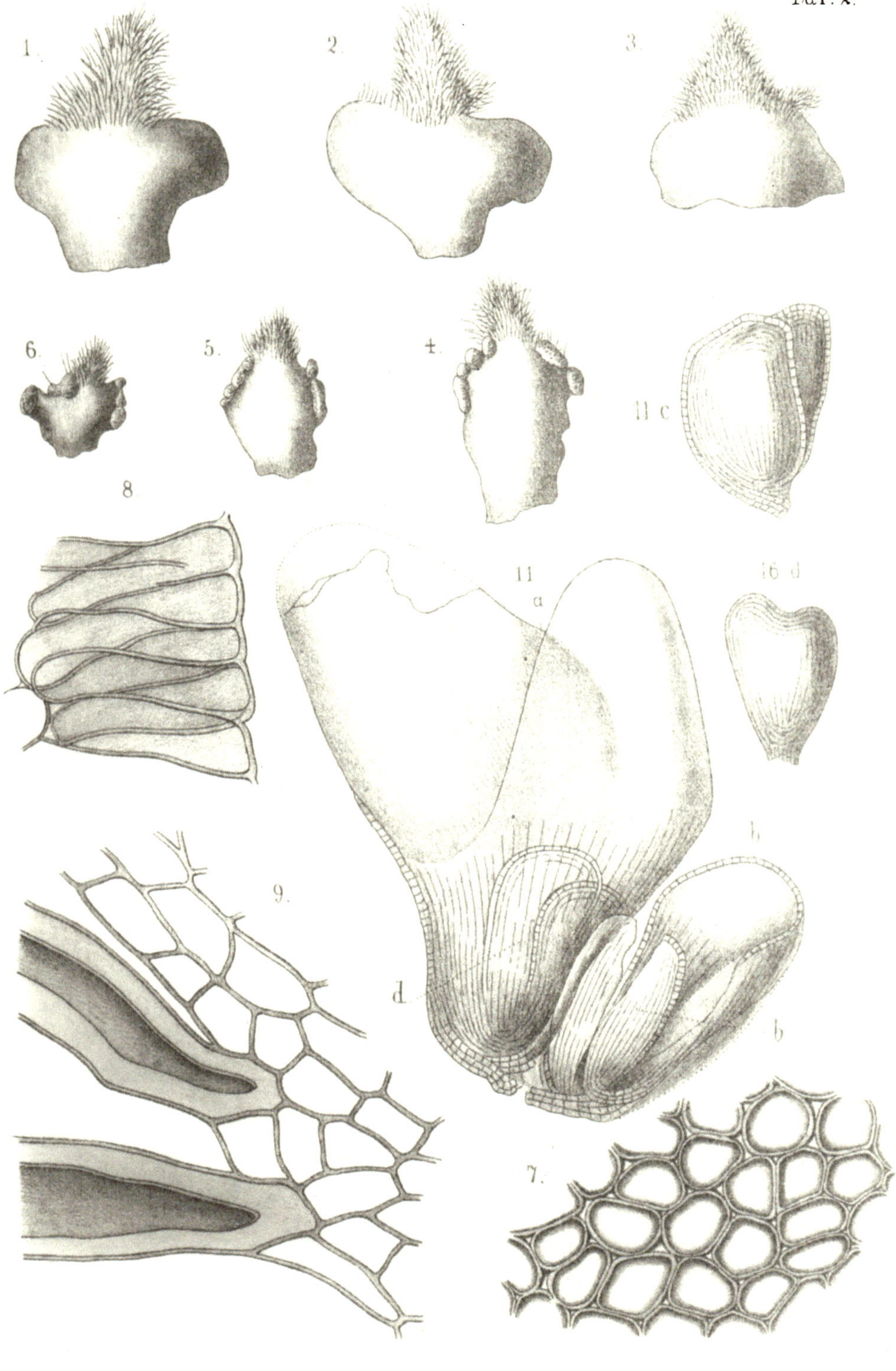

1-9. Kelchblätter. 11-16. Keime.

Hanst gez.

Lith. Inst. v. A. Henry in Bonn

1.

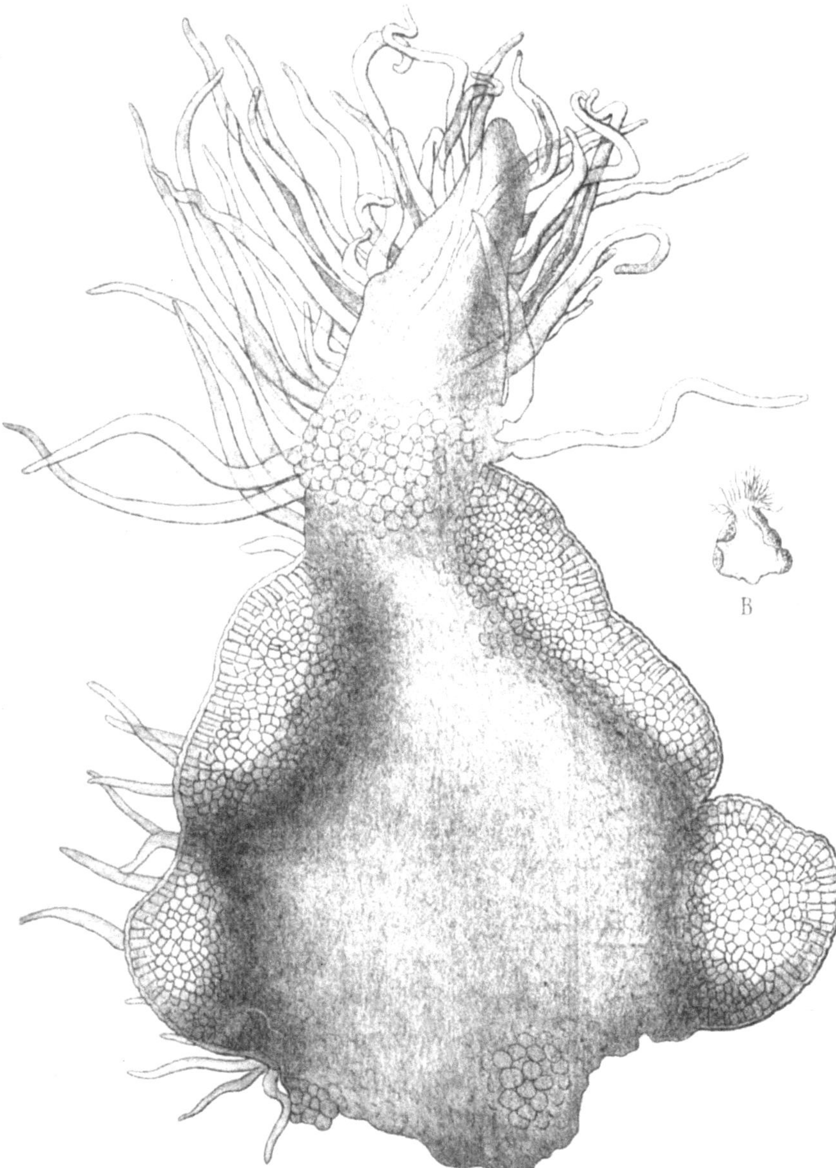

B

Kelchblatt.

Hanst gez.

Lith. Inst. v. A. Henry in Bonn

Das I. Heft des **1. Bandes** der

Botanischen Abhandlungen

enthält:

Die Entwicklung des Keimes der Monokotylen und Dikotylen von **Dr. Johannes Hanstein.** Mit 18 lithographirten Tafeln. 1870. Preis 8 *M.* 50 *ℌ.*

Das II. Heft enthält:

Untersuchungen über Bau und Entwicklung der Bacillariaceen (Diatomaceen) von **Dr. Ernst Pfitzer.** Mit 6 Tafeln in Farbendruck. 1871. Preis 7 *M.*

Das III. Heft enthält:

Untersuchungen über Wachsthumsgeschichte und Morphologie der Phanerogamen-Wurzel von **Johannes Reinke.** Mit 2 lithographirten Tafeln. 1871. Preis 2 *M.* 50 *ℌ.*

Das IV. Heft enthält:

Die Entwicklung des Keimes der Gattung Selaginella von **W. Pfeffer.** Mit 6 lithographirten Tafeln. 1871. Preis 5 *M.*

Das I. Heft des **2. Bandes** enthält:

Die Blüthen-Entwicklung der Piperaceen von **Dr. Fr. Schmitz.** Mit 5 lithographirten Tafeln. 1872. Preis 3 *M.* 50 *ℌ.*

Das II. Heft enthält:

Untersuchungen über Pollen bildende Phyllome und Kaulome von **Dr. Eug. Warming.** Mit 6 lithographirten Tafeln. 1873. Preis 5 *M.*

Das III. Heft enthält:

Untersuchungen über die Entwicklung der Cuscuteen von **Dr. Ludwig Koch.** Mit 4 lithographirten Tafeln. 1874. Preis 5 *M.*

Das IV. Heft enthält:

Die Pflanzen-Stacheln von **Dr. Conrad Delbrouck.** Mit 6 lithographirten Tafeln. 1875. Preis 5 *M.* 50 *ℌ.*

Das I. Heft des **3. Bandes** enthält:

Der Bau und die Entwicklung des Stammes der Melastomeen von **Dr. Hermann Voechting.** Mit 8 lithographirten Tafeln. 1875. Preis 5 *M.* 50 *ℌ*

Das II. Heft enthält:

Die Blüthe der Compositen von **Dr. Eug. Warming.** Mit 9 lithographirten Tafeln. 1876. Preis 8 *M.*

---

www.ingramcontent.com/pod-product-compliance
Lightning Source LLC
LaVergne TN
LVHW042250300926
849161LV00003B/537
* 9 7 8 3 1 1 2 6 7 3 1 9 5 *